Dampfkessel-Speisepumpen

Bemessung, Ausführung, Antrieb und Regelung

Von

Ing. **Karl Grün**
Wien

Mit 68 Textabbildungen

Springer-Verlag Wien GmbH 1934

ISBN 978-3-7091-2347-8 ISBN 978-3-7091-2365-2 (eBook)
DOI 10.1007/978-3-7091-2365-2

Ursprünglich erschienen bei Julius Springer in Vienna 1934

Vorwort.

Die Speisepumpe wird gerne als das Herz der Kesselanlage bezeichnet, weil bei ihrem Versagen der ganze Betrieb stillgelegt ist. Die gesetzlichen Vorschriften wenden ihr deshalb auch besondere Aufmerksamkeit zu, und zwar in viel höherem Maße, als es im Vergleich mit anderen Hilfseinrichtungen ihren Anschaffungskosten, ihrem Kraftbedarf und ihrer Bedienung entspräche. Auch der Betrieb sollte ihr eine dieser Bedeutung gerecht werdende Beachtung schenken. Auf die in dieser Hinsicht maßgebenden Umstände hinzuweisen, die Grundlagen bei Auswahl, Aufstellung und Betriebsführung darzulegen, von welchen zur Erzielung einer störungsfreien und wirtschaftlichen Speisung auszugehen ist, ist das Ziel vorliegenden Buches.

Die rasche Entwicklung des Kesselbaus im abgelaufenen Jahrzehnt, die dem Pumpenbau neben der Beherrschung großer Drücke im Zusammenhang mit der Regenerativvorwärmung noch die hoher Temperaturen als neue Aufgaben gebracht hatte, scheint augenblicklich zu einem Ruhepunkt gekommen zu sein oder hat doch zumindest einen Markstein erreicht, von dem aus die weitere Entwicklung abzusehen ist. Ähnliches gilt auch für den Pumpenbau, in welchem der Wettstreit zwischen Kolben- und Kreiselpumpe nun zugunsten letzterer auch auf dem Gebiete der Kesselspeisung die Entscheidung gefunden hat oder wenigstens eine deutliche Abgrenzung zwischen den Verwendungsbereichen beider gestattet. Ist schon auf Grund dieser Entwicklung der Zeitpunkt für eine zusammenfassende Betrachtung aller für die Kesselspeisung bedeutsamer Fragen geeignet, so gilt dies um so mehr, als von einer Reihe großer Anlagen Erfahrungen mehrjährigen Betriebes vorliegen, also bereits ein Urteil darüber möglich ist, was sich bewährt hat. Sonderausführungen, die dabei notwendig wurden, dürfen nur soweit Gegenstand der Darstellung sein, als daraus Nutzanwendungen auch für durchschnittlich übliche Anlagen zu ziehen sind. Nicht einzelne Konstruktionen sollen beschrieben, sondern allgemein gültige Grundsätze entwickelt werden.

Als Speisepumpen sind alle jene Pumpen und Apparate anzusehen, die das der Verdampfung zuzuführende Wasser in den Kessel fördern, was eben „speisen" heißt. Nicht unter diese Begriffsbestimmung fallen die etwa sonst im Dampf-Wasser-Kreislauf des Kesselbetriebes erforderlichen Pumpen wie Kondensat-, Umwälzpumpen u. a. m., die deshalb auch außerhalb vorliegender Darstellung bleiben mußten. Auch für die Behandlung von Sonderbauarten wie insbesondere die Speisevorrichtungen für Lokomotiv- und Lokomobilkessel, die aus der Gesamtheit ihrer Konstruktion herausgerissen nicht zweckdienlich zu besprechen wären, war in diesem Rahmen kein Platz. Als der eigentliche Gegenstand der Ausführungen erscheinen somit die ortsfesten Kessel, zu denen in bezug auf die Speisung auch die Schiffskessel gezählt werden dürfen. Hingegen ist die für den Betrieb wichtige Speise-Vorrichtung erst durch die Verbindung von Pumpe und Antrieb gegeben; ja gerade der Antrieb kann hinsichtlich Wirtschaftlichkeit und Betriebssicherheit ausschlaggebend werden. Daraus folgt, daß die Antriebseinrichtungen einen wesentlichen Teil des Inhalts einnehmen mußten. Was nun die selbsttätigen Regler betrifft, so sind diese wohl kein unerläßlicher Bestandteil der Speisevorrichtung; bei der Wichtigkeit bequemer Regelmöglichkeit waren sie doch in die Betrachtung einzubeziehen, weil in größeren Anlagen eine Betätigung von Hand aus den Ansprüchen der Regelung bezüglich raschen Eingreifens und genauer Einstellung nicht mehr gerecht werden kann. Zwar stehen nur die Pumpendruckregler mit der Pumpe bzw. mit dem Antrieb in unmittelbarer Verbindung; doch sind auch die Speiseregler in ihrer Wirkungsweise von diesen und auch vom Arbeitsvorgang der Pumpe abhängig, so daß eine Darstellung, die alle den Speisevorgang beeinflussenden Einrichtungen umfaßt, vorteilhaft erschien. Was die Pumpensysteme selbst betrifft, so waren neben der Kreiselpumpe, die heute, wie erwähnt, besonders für größere Kessel eine vorherrschende Stellung einnimmt, auch die anderen Systeme eingehend zu besprechen. Dies war vor allem notwendig, weil sie in vielen Fällen noch immer der Kreiselpumpe vorzuziehen sind und auch vielfach in Verwendung stehen; weiters aber auch um die Gründe aufzeigen zu können, die es der Kreiselpumpe ermöglicht haben, sie zurückzudrängen.

Wenn das Ziel, auf das die Darlegungen dieses Buches hinsteuern, auch ein grundsätzlich anderes als das einer Konstruktionslehre ist, durften doch die Berechnungsgrundlagen nicht gänzlich unterdrückt werden. Soweit sie für das Verständnis der Wirkungsweise, Erklärung der maßgebenden Betriebseigenschaften und etwa noch für die Nachrechnung vorhandener Pumpen mit unbekannten Leistungsdaten notwendig waren, wurden die wichtigsten Beziehungen ohne oder mit ganz kurzen Ableitungen angeführt; sie konnten soweit beschränkt bleiben, daß keine Ablenkung von der Hauptaufgabe in Kauf zu nehmen war. Eben mit Rücksicht auf diese mußten jedoch die von der besonderen, jeweils verwendeten Pumpenbauart unabhängigen Berechnungen ausführlich entwickelt werden, die für die Bemessung der Speisepumpe und ihres Antriebes durchzuführen sind. Hier liegen erfahrungsgemäß die Ursachen für Versager oder für nicht recht befriedigende Speisepumpen, die oft auch zu langwierigem Streit zwischen Kesselbesitzer und Pumpenbauanstalt führen. In diesem Belange klare Verhältnisse zu schaffen, mußte als eine wesentliche Aufgabe der folgenden Ausführungen gelten.

Den Werdegang einer Speisepumpenanlage von der Bemessung bis zur Überprüfung zu verfolgen, schien eine natürliche Gliederung des

Buches zu geben. Ein erschöpfendes Bild über den gegenwärtigen Stand war nur in Verbindung mit der Wiedergabe der neuesten und maßgebenden Ausführungen möglich. Durch weitgehende Unterstützung von seiten der einschlägigen Firmen, die mir bei Beistellung von Abbildungen und Beschreibungen größtes Entgegenkommen bewiesen, konnte dieses Ziel erreicht werden, so daß ich gerne die Gelegenheit wahrnehme, allen diesen auch an dieser Stelle zu danken.

Schließlich danke ich dem Verlag Julius Springer für das große Entgegenkommen, mit dem er mir die Veröffentlichung dieses Buches erleichtert hat, sowie auch für die mustergültige Ausstattung, die er traditionellerweise auch meinem Buch zuteil werden ließ.

Wien, im September 1934.

Ing. Grün.

Inhaltsverzeichnis.

Seite

I. Grundlagen ... 1

A. Die Liefermenge ... 1

1. Betriebsverhältnisse ... 1
2. Raummaß der Liefermenge ... 6
3. Regelung der Liefermenge ... 6

B. Die Förderhöhe ... 7

1. Der Kesseldruck ... 7
2. Die geodätische Förderhöhe ... 8
3. Die Widerstandshöhe ... 9
   a) Gerades Rohr ... 9
   b) Formstücke ... 11
   c) Rauchgasvorwärmer ... 14
   d) Vakuumetrische Saughöhe ... 16

C. Die Antriebsleistung ... 16

II. Die Verdrängerpumpen ... 20

A. Allgemeines ... 20

B. Drehkolbenpumpen ... 22

C. Kolbenpumpen ... 22

1. Die Liefermenge ... 22
2. Die Windkessel ... 24
   a) Rechnungsgrundlagen ... 24
   b) Windkessel im Betriebe ... 26
3. Pumpe ohne Windkessel ... 28
   a) Resonanz zwischen Pumpe und Rohrleitung ... 28
   b) Kolbendrücke der windkessellosen Pumpe ... 29
   c) Die größt zulässige Saughöhe ... 30
4. Die Ventile ... 31
   a) Bedeutung für die Arbeitsweise der Pumpe ... 31
   b) Rechnerische Behandlung der Ventilbewegung ... 32
   c) Ergebnisse von Ventiluntersuchungen ... 32
5. Bauarten ... 34
6. Werkstoffe ... 35
7. Regelung der Liefermenge ... 36

D. Dampfpumpen ... 36

1. Bewegungsverhältnisse ... 36
2. Simplexpumpen ... 39

Seite
3. Duplexpumpen ... 40
4. Liefermengenverlauf ... 42
5. Dampfverbrauch ... 43
6. Regelung der Liefermenge ... 44

E. Automatische Rückspeiser ... 46
1. Wirkungsweise ... 46
2. Bauarten ... 47
3. Dampfverbrauch ... 49
4. Anordnung ... 49

III. Die Strahlpumpen ... 50
1. Wirkungsweise und Grundlagen ... 50
2. Der Restarting-Injektor ... 53
3. Aufstellung und Bedienung ... 55
4. Regelung der Liefermenge ... 56

IV. Die Kreiselpumpen ... 57
1. Berechnungsgrundlagen ... 57
a) Die Hauptgleichung ... 57
b) Die Kennlinie ... 59
c) Die Wirkungsgrade ... 59
2. Grenzen der Förderhöhe ... 60
3. Bauteile und Werkstoffe ... 63
a) Das Gehäuse ... 63
b) Lauf- und Leitrad ... 63
c) Aufnahme des Achsialschubs ... 64
d) Die Lager ... 66
e) Heißwasser-Stopfbüchsen ... 69
4. Mehrdruckpumpen ... 72
5. Die Saughöhe ... 73
6. Die Regelung ... 77
a) Die Pumpen-Kennlinie ... 77
b) Drosselregelung ... 79
c) Drehzahlregelung ... 80
7. Ermittlung der Leistungsdaten aus den Pumpenabmessungen 81
8. Dampfsaugende Kreiselpumpen ... 82

V. Die Antriebe ... 83
A. Verhalten der Pumpen ... 83
1. Drehzahl ... 83
2. Kraftverhältnisse ... 83
3. Drehsinn ... 84
4. Anlassen ... 84
B. Der Riemenantrieb ... 84

Seite

C. Der elektrische Antrieb ... 85

1. Gleichstrom ... 85
   a) Reihenschlußmotor ... 85
   b) Nebenschlußmotor ... 85

2. Drehstrom ... 85
   a) Induktionsmotor ... 85
   b) Drehstrom-Nebenschlußmotor ... 87
   c) Regelkaskaden ... 88

3. Bauliche Anordnung ... 89

D. Der Dampfantrieb ... 90

1. Bauart der Kleindampfturbine ... 90
2. Dampfverbrauch ... 91
3. Bauteile und Werkstoffe ... 93
   a) Das Gehäuse ... 93
   b) Welle und Laufrad ... 94
   c) Stopfbüchsen ... 94
   d) Lager ... 94

4. Regelung ... 95
   a) Turbine ohne Regler ... 95
   b) Änderung der Dampfleistung ... 96
   c) Druckregler ... 97

5. Bauliche Anordnung ... 101

VI. Speisepumpenregler ... 101

A. Verhalten selbsttätiger Regler ... 101

1. Aufgabe der Regler ... 101
2. Begriffsbestimmungen ... 101
3. Stabilitätsbedingungen ... 102

B. Speiseregler ... 103

1. Arbeitsweise ... 103
2. Reglerteile ... 104
   a) Impulsgeber ... 104
   b) Regelorgan ... 104

3. Ausführungen ... 105
4. Leistungs-Speiseregler ... 109

C. Druckregler ... 110

1. Speiseregler und Pumpe ... 110
2. Druckdifferenzregler ... 112
3. Schaltung ... 113
   a) Druckmessung ... 113
   b) Parallelbetrieb ... 114

4. Speiseregler ohne Druckregler ... 115
5. Anfahrsteuerungen ... 115

Seite

VII. Anordnung der Pumpe im Kesselhaus 116

1. Speisewasserbehälter 116
2. Die Saugleitung 117
3. Die Druckleitung 119
4. Parallelschaltung der Pumpen 120
5. Parallelschaltung der Kessel 122
6. Pumpe und Vorwärmung 122
   a) Rauchgasvorwärmer 123
   b) Röhrenvorwärmer 124
   c) Regenerativ-Vorwärmung 125
   d) Mischvorwärmer 125
   e) Wärmespeicher 127
   f) Zweidruckwerke 129
   g) Vorteile der Kreiselpumpe 129

VIII. Wirtschaftlichkeit der Speisepumpen 129

1. Bestimmungsstücke für die Wirtschaftlichkeit 129
2. Anwendungsbereich 130
   a) Anwendungsbereich der Pumpen 130
   b) Anwendungsbereich der Antriebe 130
3. Gewährleistung 131

Namen- und Sachverzeichnis 133

I. Grundlagen.

A. Die Liefermenge.

1. Betriebsverhältnisse.

Gemäß den „A. P. B."[1] sind für jeden Dampfkessel zumindest zwei Speisevorrichtungen vorzusehen, die im Antrieb nicht von derselben Betriebseinrichtung abhängig sein dürfen, sofern sie nicht beide unmittelbar durch Dampf betrieben werden. Jede dieser beiden muß imstande sein, dem Kessel doppelt (bei direkt von der Dampfmaschine angetriebenen $1^1/_2$mal) so viel Wasser zuzuführen, als seiner normalen Verdampfung entspricht. Die Bestimmung der von der Speisepumpe zu fördernden Wassermenge, der Liefermenge, scheint auf Grund dieser klar ausgedrückten Vorschrift sehr einfach zu sein. Tatsächlich hat aber eine ganze Reihe von Umständen darauf Einfluß, weshalb in jedem einzelnen Fall eine neue Untersuchung erforderlich ist.

Die normale Verdampfung ist ein Wert, der für den Entwurf und die Lieferung des Kessels Bedeutung hat, jedoch an sich nicht ohne weiteres festliegt. Sie könnte ebenso als jene des besten Wirkungsgrades wie auch als die der durchschnittlichen Belastung angesehen werden. Beide Arten der Begriffsbestimmung würden mit der Art der Betriebsführung und dem Zustand des Kessels schwankende Werte ergeben. An Stelle der normalen Verdampfung wird sogar auch von der „Vollast" gesprochen,[2] die etwa als $^4/_5$ der Höchstlast zu bestimmen wäre. Auch aus der Größe der Heizfläche bei bestimmter Kesselbauart ist sie nicht eindeutig zu ermitteln.

---

[1] Allgemeine polizeiliche Bestimmungen über die Anlegung von Landdampfkesseln, § 4. Vgl. etwa Hütte II., S. 370 der 26. Aufl. Auch die neue Dampfkesselverordnung (Z. VDI, Bd. 78, 1934, S. 401, oder Arch. Wärmewirtschaft, Bd. 15, 1934, S. 95) ändert an dieser Bestimmung nichts. Die österreichische Vorschrift ist auch in ihrer neueren Fassung vom 15. Juli 1927 (vgl. etwa die „Dienstvorschriften für Dampfkesselwärter", herausgeg. von der „Dampfkesselunters.- und Versich.-Ges." Wien, 1928) bei dem ursprünglichen Wortlaut „. . . Höchstverdampfung ist reichlich zu decken . . ." geblieben; auch die im Jahr 1932 im Dampfkesselausschuß der „Gesellschaft für Wärmewirtschaft" darüber geführte Aussprache hat keinen Umstand aufscheinen lassen, demzufolge dieser Wortlaut zu ändern wäre (Grün, Kesselspeise-Kreiselpumpen. Sparwirtschaft, Bd. 10, 1932, S. 395).

[2] Praetorius. Wärmewirtschaft im Kesselhaus, S. 240. Bei Steinkopff, Dresden und Leipzig 1930.

Schließlich ist noch die Betriebsart von Bedeutung, insofern, als man je nach Größe der in der Heizfläche vorhandenen Reserve und Größe der durchschnittlichen Belastungsschwankungen der dauernd zulässigen Höchstlast in verschiedenem Ausmaß nahekommen wird.

Jedenfalls muß die Speisepumpe die größte von der Heizfläche geleistete Verdampfung, und zwar auch jene, die unter größerer Einbuße an Wirkungsgrad erreicht werden kann, decken können. Die Forderung nach der doppelten Normalverdampfung erklärt sich aus einer noch darüber hinaus notwendigen Sicherheit. Diese ist aber davon abhängig, um wieviel die durchschnittlich mögliche Höchstverdampfung die normale übersteigt. Einige Zahlenwerte dafür[1] sind in Tabelle 1 zusammengestellt, die weiters die mit der doppelten Normalverdampfung erreichte Sicherheit in der Liefermenge der Speisepumpe angibt.

Tabelle 1. Normal- und Höchstverdampfung im Verhältnis zur Pumpenliefermenge gemäß A. P. B.

Kesselbauart	Flammrohrkessel		Schrägrohrkessel			Steilrohrkessel	
Feuerung	Planrost	Treppenrost	Planrost	Treppenrost	Wanderrost	Wanderrost	Staubfeuerung
Verhältnis von Höchst- zur Normalverdampfung	1,25 bis 1,35	1,30 bis 1,40	1,50	1,30	1,30	1,30 bis 1,50	1,50 bis 1,80
Doppelte Normalverd. im Verhältn. zur Höchstverd.	1,60 bis 1,50	1,55 bis 1,43	1,33	1,55	1,55	1,55 bis 1,33	1,33 bis 1,11

Diese Sicherheit schwankt also von 60% bis rund 10% und ist gerade in jenen Fällen, wo wegen kleinen Speicherinhalts größte Sicherheit erwünscht wäre, am kleinsten. Die Pumpenliefermenge wird deshalb unter Beachtung der gesetzlichen Vorschrift mit Berücksichtigung der Höchstverdampfung zu bestimmen sein, wobei der Sicherheitszuschlag über diese in Abhängigkeit von der Betriebsart, von der bereits in der installierten Heizfläche vorgesehenen Reserve und von der Pumpenbauart[2] nach Tabelle 2 gewählt werden kann.

Tabelle 2. Pumpenbemessung im Verhältnis zur Höchstverdampfung.

Betriebsart	Reines Kraftwerk	Gemischter Industriebetrieb	Vorwiegend Heiz- u. Kochdampf
Kolbenpumpe	1,50	1,50—1,70	1,50—2,00
Dampfpumpe	1,30	1,30—1,50	1,50—1,70
Kreiselpumpe	1,15	1,20—1,30	1,25—1,50

[1] Nuber, Wärmetechnische Berechnungen usw. Oldenburg, München und Berlin, 5. Aufl., 1929, S. 49.

[2] Grün, Kesselspeise-Kreiselpumpen. Sparwirtschaft Bd. 10, 1932, S. 395.

Für Löffler-Kessel wurde auch in der behördlichen Vorschreibung bereits die Höchstverdampfung[1] als Grundlage der Pumpenbemessung gewählt.

Eine Verwertung der Angaben von Tabelle 2 ist ungehindert möglich, weil eine neuere Vorschrift (Verordnung des Reichsarbeitsministeriums vom 2. I. 1929) bei Anordnung mehrerer Speisevorrichtungen von der starren Forderung der doppelten Normalverdampfung abgegangen ist. Nach dieser hat die Bemessung derart zu erfolgen, daß bei Versagen einer Pumpe die restlich betriebsfähigen noch immer das Doppelte der Normalverdampfung liefern können. Die vorzusehenden Pumpenleistungen und die damit vorhandenen Reserven sind in Tabelle 3 angegeben.

Tabelle 3. Pumpenliefermenge bei mehr als zwei Speisepumpen und dabei vorhandene Reserven.

Zahl der vorhandenen Speisepumpen	Leistung einer Pumpe in % der Norm.-Verdampfung	Insges. install. Pumpenleistg. in % d. Norm.-Verdampfung	Vorhandene Leistung bei Ausfall von		
			1 Pumpe	2 Pumpen	einer Gruppe gemeinsamen Antriebes
2	200	400	200	0	200
3	100	300	200	100	200 (100)
4	67	267	200	133	133
5	50	250	200	150	150 (100)
6	40	240	200	160	120

Allerdings ist zu beachten, daß häufiger als das Versagen einer Pumpe der Ausfall des Antriebes einer ganzen Gruppe vorkommen wird. Die letzte Spalte der Tabelle 3 zeigt, daß dann unter Umständen nur kleine oder gar keine Reserven über die Normalverdampfung verbleiben. Deshalb kann man bei ungerader Anzahl den Dampfantrieb für die größere Gruppe wählen, womit die eingeklammerten Werte der letzten Spalte ihre Bedeutung verlieren. Auch wird man nicht immer, wie noch in Tabelle 3 vorausgesetzt, alle Pumpen gleich groß bemessen. Bei Aufteilung der gesamten Heizfläche auf mehrere Kessel, die nach der Vorschrift wie ein einziger Kessel zu behandeln sind, kann die Anordnung von Pumpen verschiedener Leistung Vorteile bieten, weil dadurch nicht bloß der schlechtere Wirkungsgrad unterbelasteter Pumpen und Motoren vermieden, sondern andererseits die höheren Wirkungsgrade größerer Einheiten nutzbar werden. Sind etwa 4 gleiche Kessel zu versorgen, deren Höchstverdampfung 33% über der normalen liegt, so könnten in jeder der beiden Gruppen (eine elektrischen Antriebs, eine mit Dampfantrieb) je zwei Pumpen für die Höchstleistung von zwei Kesseln und je eine dritte für die Höchstleistung eines Kessels vorgesehen werden. Jede Gruppe deckt dann 125% der Höchst- oder 167% der Normalverdampfung; versagt eine der größeren Pumpen, so geben die verbleibenden 5 Pumpen noch 267% der Normalverdampfung. Aus wirtschaftlichen Gründen wird vielleicht noch eine der größeren Pumpen der zweiten Gruppe elektrischen Antrieb erhalten.

[1] „Die Wärme", Bd. 53, 1930, S. 900, und Bd. 54, 1931, S. 201.

Tabelle 4. Zustandsgrößen des Wassers von der Grenzkurve bis 300 at und von 0^0 C bis zur kritischen Temperatur.

γ in kg/m³, v in m³/kg, i in kcal/kg, s in kcal/^{0} C, kg.

Nach Dr. Ing. Schlegel, Berlin, AEG, Z. techn. Phys. 14 (1933), S. 105.

Temp. ^{0}C	Sätt.-Dr.	Größen	an der Grenzkurve	Druck in at						
				50	100	150	200	225,7	250	300
0	0,0062	γ	999,8	1004,0	1006,0	1009,1	1011,1	1012,1	1013,2	1017,3
		v	0,001 001	0,000 996	0,000 994	0,000 991	0,000 989	0,000 988	0,000 987	0,000 983
		i	0	1,2	2,2	3,6	4,9	5,2	6,0	7,0
		s	0	0,0001	0,0002	0,0002	0,0003	0,0003	0,0003	0,0003
25	0,0323	γ	996,8	1000,0	1002,0	1004,0	1007,0	1008,0	1009,1	1011,1
		v	0,001 003	0,001 000	0,000 998	0,000 996	0,000 993	0,000 992	0,000 991	0,000 989
		i	25,0	26,0	27,2	28,3	29,3	29,9	30,7	31,8
		s	0,0877	0,0875	0,0872	0,0868	0,0866	0,0864	0,0862	0,0858
50	0,126	γ	987,4	992,1	994,0	997,0	999,0	1000,0	1001,0	1003,0
		v	0,001 013	0,001 008	0,001 006	0,001 003	0,001 001	0,001 000	0,000 999	0,000 997
		i	50,0	50,9	52,0	53,0	54,0	54,5	55,0	56,0
		s	0,1682	0,1675	0,1668	0,1663	0,1653	0,1657	0,1654	0,1647
75	0,393	γ	974,0	979,4	981,0	983,3	985,2	986,2	987,2	991,0
		v	0,001 027	0,001 021	0,001 019	0,001 017	0,001 015	0,001 014	0,001 013	0,001 010
		i	75,0	76,0	76,9	77,9	78,9	79,3	79,9	80,8
		s	0,2427	0,2417	0,2409	0,2401	0,2394	0,2391	0,2387	0,2380
100	1,033	γ	958,5	962,5	965,3	967,1	969,0	969,9	970,9	973,7
		v	0,001 043	0,001 039	0,001 036	0,001 034	0,001 032	0,001 031	0,001 030	0,001 027
		i	100,0	100,8	101,7	102,6	103,5	103,9	104,3	105,2
		s	0,3112	0,3109	0,3099	0,3091	0,3082	0,3080	0,3074	0,3064
125	2,37	γ	938,8	941,6	944,3	947,0	948,8	950,6	951,5	954,2
		v	0,001 065	0,001 062	0,001 059	0,001 056	0,001 054	0,001 052	0,001 051	0,001 048
		i	125,4	126,1	127,0	127,9	128,9	129,1	129,6	130,0
		s	0,3778	0,3760	0,3750	0,3738	0,3728	0,3723	0,3718	0,3708
150	4,86	γ	917,2	920,8	923,4	925,9	928,5	930,2	931,1	933,7
		v	0,001 090	0,001 086	0,001 083	0,001 080	0,001 077	0,001 075	0,001 074	0,001 071
		i	151,0	151,5	152,3	153,1	153,7	154,2	154,5	155,3
		s	0,4401	0,4381	0,4368	0,4356	0,4343	0,4339	0,4333	0,4319
175	9,10	γ	891,6	896,9	900,1	902,5	905,0	906,6	908,3	911,6
		v	0,001 122	0,001 115	0,001 111	0,001 108	0,001 105	0,001 103	0,001 101	0,001 097
		i	177,1	177,2	178,0	178,9	179,5	180,0	180,3	180,7
		s	0,4996	0,4973	0,4958	0,4942	0,4929	0,4921	0,4914	0,4900

200	15,9	γ	864,5	868,1	872,2	876,4	879,5	881,8	883,4	887,3
		v	0,001157	0,001152	0,001146	0,001141	0,001137	0,001134	0,001132	0,001127
		i	203,5	203,8	204,3	204,8	205,3	205,6	205,9	206,5
		s	0,5567	0,5547	0,5529	0,5510	0,5494	0,5487	0,5479	0,5462
225	26,0	γ	833,5	835,5	840,3	845,3	848,9	851,2	853,2	856,2
		v	0,001200	0,001197	0,001190	0,001183	0,001178	0,001175	0,001172	0,001168
		i	230,6	231,0	231,4	231,9	232,0	232,2	232,5	232,8
		s	0,6118	0,6104	0,6081	0,6060	0,6040	0,6030	0,6020	0,6000
250	40,5	γ	798,6	798,7	805,2	811,0	816,3	819,0	821,0	825,8
		v	0,001253	0,001252	0,001242	0,001233	0,001225	0,001221	0,001218	0,001211
		i	259,3	259,2	259,2	259,0	259,4	259,5	259,6	259,8
		s	0,6665	0,6655	0,6628	0,6602	0,6577	0,6566	0,6554	0,6528
275	60,6	γ	758,8		764,5	772,2	779,4	783,1	786,2	792,4
		v	0,001318		0,001308	0,001295	0,001283	0,001277	0,001272	0,001262
		i	288,9		288,8	288,3	288,0	288,0	287,9	287,8
		s	0,7215		0,7176	0,7142	0,7109	0,7093	0,7078	0,7049
300	87,6	γ	714,5		713,3	725,2	735,3	740,2	744,1	751,9
		v	0,001400		0,001402	0,001379	0,001360	0,001351	0,001344	0,001330
		i	322,4		321,2	319,6	318,7	318,3	318,0	317,4
		s	0,7784		0,7751	0,7702	0,7657	0,7638	0,7619	0,7579
325	123,0	γ	652,0			663,1	680,3	687,3	694,0	705,2
		v	0,001534			0,001508	0,001470	0,001455	0,001441	0,001418
		i	359,5			356,0	353,5	352,3	351,7	350,2
		s	0,8395			0,8339	0,8268	0,8237	0,8210	0,8155
350	168,6	γ	572,0				600,2	613,1	625,0	643,5
		v	0,001748				0,001667	0,001631	0,001600	0,001554
		i	403,3				398	394	391	387,5
		s	0,9030				0,8975	0,8911	0,8858	0,8761
360	190,3	γ	528,7				542,6	569,5	587,2	612,7
		v	0,001891				0,001843	0,001756	0,001703	0,001632
		i	425				424	418	412	404
		s	0,9407				0,941	0,931	0,919	0,903
370	214,5	γ	462					487,8	543,5	578,0
		v	0,002165					0,002050	0,001840	0,001730
		i	463					450	435	422
		s	0,991					0,979	0,954	0,930
Sättigungs-Temperatur			°C	262,7	309,5	340,5	364,2	374,0		
an der Grenzkurve			γ	777,8	695,5	606,5	502,5	324		
			v	0,001286	0,001451	0,001649	0,001990	0,00306		
			i	273,3	335,5	386,5	438	514		
			s	0,6945	0,8015	0,8790	0,963	1,077		

2. Raummaß der Liefermenge.

Die auf Grund der Verdampfungsmenge im Gewichtsmaß bestimmte Liefermenge ist durch das spezifische Gewicht γ' des Wassers zu dividieren, um die im Raummaß anzugebende Pumpenliefermenge zu erhalten. Mit zunehmender Temperatur wird das auf Kilogramm und Liter bezogene spezifische Gewicht wesentlich kleiner als eins und es darf dann auch nicht näherungsweise dieselbe Maßzahl für Gewicht und Raum gesetzt werden. Bei höheren Temperaturen ist außer der thermischen Ausdehnung die Zusammendrückbarkeit mit zunehmendem Druck zu beachten, vergleiche Tabelle 4,[1] aber auch das erst bei Drücken über 50 at.

3. Regelung der Liefermenge.

Die Bemessung der Pumpe weit über den durchschnittlichen Bedarf und die veränderliche Belastung des Kessels machen eine Regelung der Pumpenliefermenge in weitem Bereich notwendig. Ist eine solche nicht möglich, so muß bei Verbrauch unter der Höchstleistung — und das ist eigentlich dauernd der Fall — die Speisung zeitweise aussetzen. Unterbrochenes Speisen ist aber für die Wärmeausnützung nachteilig und beeinträchtigt die Lebensdauer des Kessels. Bei Zufuhr einer größeren Wassermenge als der augenblicklichen Dampfleistung entspricht, würde die Temperatur des Kesselinhaltes fallen, die Dampferzeugung zurückgehen, sofern nicht durch verstärktes Feuer die Abkühlung ausgeglichen würde. Wird dieser zusätzliche Brennstoff schon mit schlechterem Wirkungsgrad ausgenützt, so ergibt sich eine weitere Einbuße bei der nachträglichen Unterbrechung der Speisung, wo das noch lebhafte Feuer zu stark ist und nach erfolgter Abschwächung der schlechtere Wirkungsgrad bei kleiner Rostbelastung zur Geltung kommt. Periodisches Speisen erschwert die Bedienung, nicht nur weil es auch bei gleichbleibender Belastung die Aufmerksamkeit des Kesselwärters übermäßig in Anspruch nimmt, sondern weil durch die Temperaturänderungen auch der Wasserstand beeinflußt wird. Die starken Temperaturänderungen müssen zum Teil auch vom Kessel mitgemacht werden und rufen verschiedene Wärmedehnungen und somit Wärmespannungen hervor. Auch wenn nicht ein unmittelbarer Schaden die Folge ist — besonders Nietnähte leiden darunter — so wird die zusätzliche Beanspruchung doch die Haltbarkeit vermindern. Ein Gefahrenmoment besteht schließlich noch für den Economiser, indem dort bei längerer Unterbrechung der Speisung Verdampfung mit deren üblen Folgen eintreten kann.

Deshalb ist grundsätzlich kontinuierliches Speisen und entsprechende Regelbarkeit der Pumpe zu verlangen.

---

[1] Dr.-Ing. Schlegel. Ein is-Diagramm für Wasser bis zu 400 at Druck in den Grenzen von 0—370° C. Z. techn. Phys., Bd. 14, 1933, S 105. Eine Netztafel für die mit Druck und Temperatur veränderlichen spezifischen Gewichte brachte Pfleiderer in Z. VDI, Bd. 76, 1932, S. 157.

B. Die Förderhöhe.

Die von der Pumpe zu überwindende Förderhöhe setzt sich zusammen aus 1. dem Kesseldruck, 2. dem Höhenunterschied der Wasserspiegel im Saugbehälter und im Kessel, 3. den Durchflußwiderständen in der Leitung vom Speisewasserbehälter bis zur Pumpe und von der Pumpe bis zum Kessel.

1. Der Kesseldruck.

Für die Umrechnung des Kesseldruckes in eine Höhe ist die Grundgleichung der Hydrostatik

$$P = \gamma' . h \tag{1}$$

zu benützen, wobei auf dimensionsrichtige Maßzahlen zu achten ist. Die Höhe h ergibt sich in Metern, wenn der Druck P in kg/m² und das Raumgewicht γ' in kg/m³ angegeben werden, wo also $P = 10.000 . p$ mit p in at $=$ kg/cm² ist. Wird das spezifische Gewicht γ auf das Gewicht von Wasser von 4° C als 1, d. h. auf Kilogramm und Liter bezogen, so wird aus Gl. (1):

$$h = 10 . \frac{p}{\gamma}. \tag{1a}$$

Bezeichnet p_K den Druck im Kessel und p_S den im Speisewasserbehälter (meist 1 at abs., in Überdruck 0), so ist der Förderhöhenanteil nach 1. gegeben durch:

$$H_1 = 10 . \frac{p_K - p_S}{\gamma} \tag{2}$$

H_1 ändert sich über γ auch mit der Temperatur; wird das nicht beachtet, so fällt die von der Pumpe erreichte Förderhöhe unter Umständen zu klein aus, womit sie unbrauchbar werden kann. Hingegen sind die während des Betriebes vorkommenden Temperaturschwankungen im allgemeinen so gering, daß sie ohne Einfluß auf die Förderhöhe bleiben. Ebenso ist dieser Anteil auch nicht von der Größe der geförderten Wassermenge abhängig. Um den größten Wert dieses Förderhöhenanteiles zu erhalten, ist mit der höchsten im Betriebe zu erwartenden Temperatur des Speisewassers zu rechnen.

Geht die Förderung über einen Druckbereich vor sich, in dem bereits die Zusammendrückbarkeit des Wassers zu berücksichtigen ist, so tritt an Stelle der für unzusammendrückbare Flüssigkeiten geltenden Gl. (1):

$$dP = \gamma' . dh \text{ bzw. } h = \int v . dP, \tag{3}$$

wo v als spezifisches Volumen oder Volumen der Gewichtseinheit der reziproke Wert des Raumgewichtes ist. Unter der Annahme linearer Änderung des Volumens mit dem Druck, welche Annahme bei der geringen Zusammendrückbarkeit des Wassers auch für große Druckbereiche zulässig ist, kann statt Gl. (3) geschrieben werden:

$$h = \frac{v_1 + v_2}{2} . P = \frac{1}{2} . P . \left(\frac{1}{\gamma_1'} + \frac{1}{\gamma_2'}\right) = \frac{P}{\gamma_m'} \tag{3a}$$

und:

$$H_1 = 10 . \frac{p_K - p_S}{2} . \left(\frac{1}{\gamma_S} + \frac{1}{\gamma_K}\right) = 10 . \frac{p_K - p_S}{\gamma_m}. \tag{2a}$$

Die Umrechnung nach dem veränderlichen spezifischen Gewicht ist auch dann vorzunehmen, wenn etwa die Förderhöhe durch Ablesung am Manometer mit einer Teilung nach „Meter Wassersäule" zu bestimmen wäre. Solche handelsübliche Manometer sind nach at geeicht und lediglich nach m WS. (bezogen auf $\gamma = 1$) beziffert. Die Werte des spezifischen Gewichts sind ebenfalls in Tabelle 4 (als Reziprokwerte der spezifischen Volumina) und in engeren Intervallen für den Sättigungszustand (d. i. längs der unteren Grenzkurve) in Tabelle 5 wiedergegeben; wie daraus ersichtlich, ergeben sich praktisch bedeutsame Abweichungen erst von etwa 30° C an.

2. Die geodätische Förderhöhe.

Der Höhenunterschied H_g zwischen Wasserspiegel im Speisewasserbehälter und jenem im Kessel wird durch die Höhenlage der Pumpe in eine Saug- und eine Druckhöhe geteilt. Liegt die Pumpe unterhalb des Speisewasserbehälters, so ist die geodätische Förderhöhe wieder der Höhenunterschied zwischen den beiden Wasserspiegeln, an Stelle der Saughöhe tritt dann die Zulaufhöhe, die auch als negative Saughöhe angesehen werden kann.

Tabelle 5. Dampfdruck, spezifisches Gewicht und größte statische Saughöhe im Bereich von 0—100° C.

Temperatur °C	Spez. Gew. γ kg/l	Dampfdruck		Atm.-Druck $h_A = \frac{10}{\gamma}$ m WS.	Größte stat. Saughöhe $h_A - h_D$ m
		p at abs.	$h_D = 10\frac{p}{\gamma}$ m WS.		
0	0,9998	0,0062	0,06	10,00	9,94
10	0,9997	0,0125	0,13	10,00	9,87
20	0,9980	0,0238	0,24	10,02	9,78
30	0,9950	0,0433	0,44	10,05	9,61
35	0,9935	0,0573	0,58	10,06	9,48
40	0,9914	0,0752	0,76	10,09	9,33
45	0,9896	0,0977	0,99	10,10	9,11
50	0,9874	0,126	1,28	10,13	8,85
55	0,9847	0,161	1,64	10,16	8,52
60	0,9822	0,203	2,07	10,18	8,11
65	0,9796	0,255	2,60	10,21	7,61
70	0,9770	0,318	3,26	10,24	6,98
75	0,9740	0,393	4,04	10,27	6,23
80	0,9710	0,483	4,97	10,30	5,33
85	0,9678	0,590	6,10	10,33	4,23
90	0,9647	0,715	7,41	10,37	2,96
95	0,9616	0,862	8,96	10,40	1,44
100	0,9585	1,033	10,78	10,43	— 0,35

Mit dem in einem Saugrohr nach oben abnehmenden Druck kann der äußere Atmosphärendruck das Wasser in diesem nur so weit hochtreiben, bis unter dem verringerten Druck Verdampfung eintritt; der

Grenzwert der Saughöhe ist für ruhendes Wasser also durch den um den Dampfdruck verminderten Atmosphärendruck, beide nach Gl. (1a) in m WS. ausgedrückt, gegeben. Diese Werte sind gleichfalls in Tabelle 5 eingetragen.

Die Schwankungen des Wasserspiegels im Kessel sind im Vergleich zur ganzen geodätischen, um so mehr zur gesamten Pumpenförderhöhe zu vernachlässigen.

Der Förderhöhenanteil H_g ist ebenso wie H_1 von der jeweils geförderten Wassermenge unabhängig; deshalb werden beide auch zur statischen Förderhöhe H_{st} zusammengefaßt.

3. Die Widerstandshöhe.

a) Gerades Rohr. Der Durchflußwiderstand eines geraden Rohres ist ungefähr dem Quadrat der Durchflußmenge Q und seiner Länge L direkt, seinem lichten Durchmesser d verkehrt proportional; mit $c = Q/\frac{d^2 \pi}{4}$ als mittlerer Geschwindigkeit ist der in m Flüssigkeitssäule ausgedrückte Druckverlust (alle Größen auf m und sk bezogen, die Schwerebeschleunigung $g = 9{,}81\ \mathrm{m/s^2}$):

$$h_r = \lambda \cdot \frac{L}{d} \cdot \frac{c^2}{2g}. \tag{4}$$

Da der Beiwert λ selbst von der Durchflußmenge und dem Rohrdurchmesser abhängt, gilt die quadratische Abhängigkeit des Druckverlustes von Q nur angenähert. Für diesen Beiwert wurden verschiedene empirische Gleichungen aufgestellt; eine in ihrem Aufbau theoretisch begründete wurde von v. Mises[1] angegeben:

$$\lambda = 0{,}0096 + \sqrt{\frac{K}{d}} + 1{,}7 \sqrt{\frac{\nu}{c\,d}}. \tag{5}$$

Darin ist K ein Maß für die Rauhigkeit der Rohrwand, dem für neue eiserne Rohre (Gasrohre, gezogene Stahlrohre u. ä.) bezogen auf m Werte zwischen $6{,}4 . 10^{-6}$ bis $16 . 10^{-6}$ zukommen; K/d gibt dann die „relative" Rauhigkeit als dimensionslose Größe an. Mit ν als kinematischer Zähigkeit in $\mathrm{m^2/s}$ ist auch der Ausdruck $\frac{\nu}{c\,.\,d}$ dimensionslos,[2] die Gleichung also homogen. Die Zähigkeit nimmt mit steigender Temperatur ab, mit t in ^{0}C ist:[3]

$$\nu = \frac{1{,}78 \,.\, 10^{-6}}{1 + 0{,}0337 \,.\, t + 0{,}00022\, t^2} \tag{6}$$

wonach für $t =$ 10 50 100 ^{0}C
$10^6 . \nu =$ 1,312 0,518 0,271 $\mathrm{m^2/s}$ ist.

---

[1] v. Mises, Elemente der technischen Hydrodynamik. Leipzig u. Berlin 1914.

[2] Nach Osborne Reynolds, der 1883 als erster auf die Bedeutung dieses Ausdrucks für alle Strömungen hingewiesen hat, wird $\frac{c\,.\,d}{\nu}$ als Reynoldssche Zahl bezeichnet.

[3] Pöschl, Lehrbuch der Hydraulik, S. 94. Springer, Berlin 1924.

Insbesondere bei kleinen Werten des Rohrdurchmessers und der Geschwindigkeit (d. i. bei kleinen Reynoldsschen Zahlen) ist der Einfluß der Zähigkeit bemerkbar, weshalb für solche auch die Temperatur für die Größe des Widerstandes maßgebend ist. In Tabelle 6 sind in Abhängigkeit vom Rohrdurchmesser d und der Durchflußgeschwindigkeit c die Wassermengen in l/min und die zugehörigen Druckverluste für eine Rohrlänge von 100 m gemäß Gl. (4), (5) mit dem mittleren Wert für $\sqrt{K} = 3{,}5 \cdot 10^{-3}$ und (6) für die Temperaturen von 10, 50 und 100° C zusammengestellt. Aus dieser Tabelle kann die angenähert quadratische Abhängigkeit des Druckverlustes von der Durchflußmenge: $h_r = k \cdot Q^2$ abgelesen werden. Für die Berechnung von Zwischenwerten kann sie als genau geltend angenommen werden; es ergeben sich wohl verschiedene Werte, je nachdem an den höheren oder niedrigeren Nachbarwert angeschlossen wird. Diese Unterschiede sind jedoch praktisch belanglos, wie ja die Genauigkeit der Tabelle 6 nur für Zwecke der Interpolation um eine Dezimalstelle weitergeführt ist, als die Praxis erfordert. Bei Zwischenwerten des Rohrdurchmessers ist zu beachten, daß der Druckverlust mit der 5. Potenz dieses verkehrt proportional ist und in diesen Intervallen außerdem die Veränderlichkeit des Widerstandsbeiwertes λ nicht mehr unberücksichtigt bleiben darf. Für solche sucht man deshalb besser zuerst die zur gleichen Geschwindigkeit gehörigen Durchflußmengen für die benachbarten, in der Tafel enthaltenen Rohrdurchmesser, wofür diese Geschwindigkeit selbst gar nicht zu bestimmen ist. Ist z. B. der Druckverlust für die Wassermenge von 506 l/min im Rohr von 90 mm l. W. zu ermitteln, dann ist:

für $d = 80$ mm $\quad Q = 506 \cdot \left(\frac{80}{90}\right)^2 = 400$ l/min

$$h_r = 2{,}38 \left(\frac{400}{362}\right)^2 = 2{,}90 \text{ bzw. } = 3{,}20 \cdot \left(\frac{400}{423}\right)^2 = 2{,}95$$

im Mittel $h_r = 2{,}93$ m;

für $d = 100$ mm $\quad Q = 506 \cdot \left(\frac{100}{90}\right)^2 = 625$ l/min

$$h_r = 1{,}78 \cdot \left(\frac{625}{567}\right)^2 = 2{,}16 \text{ bzw. } = 2{,}40 \left(\frac{625}{660}\right)^2 = 2{,}15$$

im Mittel $h_r = 2{,}16$ m.

Bei gleicher Geschwindigkeit ist die Widerstandshöhe dem Durchmesser verkehrt proportional, s. Gl. (4), also ist

$$h_r = 2{,}93 \cdot \frac{80}{90} = 2{,}60 \text{ m bzw. } = 2{,}16 \cdot \frac{100}{90} = 2{,}62, \text{ i. M. } \boldsymbol{h_r = 2{,}6 \text{ m}}.$$

Die Abhängigkeit des Widerstandes vom Rohrdurchmesser bei gleichbleibender Durchflußmenge Q ergibt sich nach Gl. (4), wenn darin die Geschwindigkeit $c = Q/\frac{d^2 \pi}{4}$ gesetzt und die Veränderlichkeit des Widerstandsbeiwertes λ mit d nach Gl. (5) in engerem Bereich vernachlässigt wird, wie vor erwähnt als verkehrt proportional mit seiner 5. Potenz. Ist h der zur Rohrlichtweite d gehörige Wert des Durchflußwiderstandes, so wird also bei gleichem Q der zu d' gehörige Wert h':

$$h' = h \cdot \left(\frac{d}{d'}\right)^5. \tag{4a}$$

Eine geringfügige Verminderung der Rohrlichtweite hat demnach eine bedeutende Zunahme des Widerstandes zur Folge (Tabelle 7) und die spätere Verengung eines Rohres nach einiger Betriebszeit durch Ablagerungen (Inkrustationen) an der Rohrwand ist deshalb schon beim Entwurf zu berücksichtigen. Die Erhöhung der Wandrauhigkeit, die mit diesen Ablagerungen in der Regel gleichfalls verknüpft ist, hat geringeren Einfluß auf den Widerstand als die Abnahme der Lichtweite und wird für sich allein um so weniger in Rechnung gestellt, als einerseits die Zunahme der Rauhigkeit je nach dem chemischen Verhalten des Speisewassers verschieden ausfällt und andererseits die Stärke der zu erwartenden Ablagerung schwer abzuschätzen ist. Die größere Rauhigkeit wäre durch Erhöhung der Werte nach Tabelle 7 um etwa 20 bis 30% zum Ausdruck zu bringen. Da beispielsweise eine Ablagerung von nur 2 mm den Widerstand eines Rohres von 50 mm l. W. um 52% erhöht, wird im Durchschnitt für alte Rohre eine Vermehrung des Widerstandes auf das $1^1/_2$fache bis Doppelte (d. h. um 50 bis 100%), bei kleinen Lichtweiten sogar bis auf das Dreifache jenes im neuen Rohr anzunehmen sein.

Auch bei Abweichungen der wahren Lichtweite vom Nenndurchmesser ist Tabelle 7 zu benützen; sie gilt dann in gleicher Weise bei größerer Lichtweite für die Abnahme des Druckverlustes.

b) Formstücke. Für Formstücke und Absperrorgane wird der Widerstand durch die Geschwindigkeitshöhe $\frac{c^2}{2g}$ ausgedrückt, es ist

$$h_r = \zeta \cdot \frac{c^2}{2g}. \tag{7}$$

Für die Berechnung des Druckverlustes ist der Begriff der ,,virtuellen (oder gleichwertigen) Rohrlänge“ bequem, welche Länge L_v einem geraden Rohr zukäme, das denselben Widerstand ergibt wie das betrachtete Formstück. Nach Gl. (4) ist sie bestimmt durch

$$\zeta = \lambda \cdot \frac{L_v}{d}. \tag{7a}$$

Soweit ζ für ein Formstück bestimmter Art von der lichten Weite unabhängig ist, nimmt L_v mit dieser proportional zu; auch das gilt zwar im allgemeinen nicht, ist aber eine bessere Annäherung als mit konstanten Werten von L_v zu rechnen und wurde deshalb der Tabelle 8 zugrunde gelegt. Für Krümmer und Kniestücke ist der Widerstand wesentlich vom Krümmungshalbmesser abhängig und um so größer, je kleiner dieser ist.

Tabelle 6. Druckhöhenverluste in neuen eisernen Rohrleitungen für 100 m Rohrlänge bei 10, 50 und 100° C. Nach der Gleichung von v. Mises.

d mm	*c* m/s	0,6	0,8	1,0	1,2	1,4	1,6	1,8	2,0	2,25	2,5	2,75	3,0
25	*Q* l/m	*17,7*	*23,5*	*29,4*	*35,3*	*41,2*	*47,1*	*53,0*	*58,8*	*66,3*	*73,5*	*81,0*	*88,2*
	h_r 10°	3,50	5,95	9,00	12,60	16,92	21,75	27,10	33,0	41,3	50,4	60,4	71,4
	h_r 50°	3,06	5,28	8,06	11,37	15,38	19,77	24,85	30,4	38,2	46,7	56,2	66,7
	h_r 100°	2,87	4,97	7,63	10,82	14,65	18,90	23,80	29,2	36,6	44,9	54,2	64,3
30	*Q* l/m	*25,4*	*34,0*	*42,4*	*50,9*	*59,4*	*67,8*	*76.3*	*84,7*	*95,5*	*106*	*117*	*127*
	h_r 10°	2,71	4,62	6,97	9,80	13,09	16,83	21,05	25,7	32,1	39,2	46,9	55,5
	h_r 50°	2,38	4,10	6,27	8,86	11,93	15,40	19,32	23,6	29,6	36,3	43,7	51,8
	h_r 100°	2,22	3,86	5,92	8,44	11,35	14,75	18,50	22,7	28,5	35,1	42,2	50,2
40	*Q* l/m	*45,3*	*60,3*	*75,4*	*90,5*	*106*	*121*	*136*	*151*	*170*	*189*	*207*	*226*
	h_r 10°	1,82	3,10	4,70	6,61	8,82	11,35	14,20	17,32	21,7	26,5	31,7	37,5
	h_r 50°	1,61	2,76	4,23	6,00	8,06	10,40	13,10	16,00	20,1	24,6	29,6	35,1
	h_r 100°	1,51	2,62	4,02	5,72	7,72	9,97	12,55	15,40	19,4	23,8	28,6	34,1
50	*Q* l/m	*70,7*	*94,2*	*118*	*142*	*165*	*189*	*212*	*236*	*265*	*295*	*324*	*354*
	h_r 10°	1,34	2,29	3,46	4,88	6,52	8,38	10,47	12,80	16,00	19,50	23,5	27,8
	h_r 50°	1,18	2,04	3,13	4,43	5,96	7,70	9,68	11,95	14,85	18,25	21,9	26,0
	h_r 100°	1,11	1,94	2,98	4,23	5,72	7,38	9,32	11,40	14,35	17,60	21,2	25,3
60	*Q* l/m	*102*	*136*	*170*	*204*	*238*	*272*	*306*	*340*	*383*	*425*	*468*	*510*
	h_r 10°	1,05	1,78	2,71	3,82	5,10	6,57	8,20	10,00	12,55	15,40	18,40	21,8
	h_r 50°	0,93	1,61	2,46	3,49	4,68	6,05	7,60	9,30	11,70	14,35	17,23	20,5
	h_r 100°	0,88	1,47	2,34	3,32	4,49	5,83	7,32	9,00	11,30	13,85	16,72	19,9

80	Q l/m	*181*	*242*	*302*	*362*	*423*	*483*	*544*	*604*	*680*	*755*	*832*	*906*
	h_r 10°	0,71	1,21	1,84	2,60	3,48	4,49	5,58	6,66	8,58	10,50	12,60	14,90
	50°	0,64	1,09	1,68	2,38	3,20	4,14	5,20	6,40	8,04	9,82	11,83	14,05
	100°	0,60	1,04	1,60	2,28	3,08	3,99	5,02	6,17	7,78	9,54	11,48	13,65
100	Q l/m	*283*	*378*	*472*	*567*	*660*	*755*	*850*	*944*	*1060*	*1180*	*1300*	*1415*
	h_r 10°	0,53	0,90	1,37	1,93	2,59	3,34	3,90	5,12	6,40	7,83	9,40	11,15
	50°	0,47	0,82	1,25	1,78	2,40	3,11	3,65	4,77	6,01	7,35	8,86	10,50
	100°	0,45	0,78	1,20	1,72	2,31	2,99	3,53	4,63	5,83	7,15	8,63	10,25
125	Q l/m	*442*	*589*	*736*	*883*	*1030*	*1180*	*1325*	*1470*	*1655*	*1845*	*2025*	*2210*
	h_r 10°	0,39	0,67	1,02	1,44	1,94	2,50	3,12	3,82	4,78	5,86	7,03	8,32
	50°	0,35	0,61	0,94	1,33	1,79	2,32	2,92	3,57	4,50	5,53	6,65	7,88
	100°	0,33	0,58	0,90	1,28	1,73	2,24	2,83	3,47	4,37	5,38	6,47	7,67
150	Q l/m	*635*	*847*	*1059*	*1270*	*1480*	*1695*	*1905*	*2120*	*2380*	*2645*	*2915*	*3175*
	h_r 10°	0,31	0,53	0,80	1,14	1,53	1,97	2,47	3,02	3,79	4,62	5,54	6,57
	50°	0,28	0,48	0,74	1,05	1,42	1,84	2,31	2,83	3,56	4,37	5,26	6,24
	100°	0,26	0,46	0,71	1,01	1,37	1,77	2,23	2,74	3,46	4,24	5,13	6,08
200	Q l/m	*1130*	*1510*	*1885*	*2260*	*2640*	*3020*	*3390*	*3770*	*4240*	*4715*	*5190*	*5650*
	h_r 10°	0,21	0,36	0,56	0,79	1,06	1,36	1,71	2,09	2,62	3,22	3,85	4,57
	50°	0,19	0,33	0,51	0,73	0,99	1,28	1,60	1,97	2,48	3,04	3,66	4,36
	100°	0,18	0,32	0,49	0,70	0,95	1,24	1,56	1,92	2,41	2,98	3,58	4,24
250	Q l/m	*1765*	*2360*	*2945*	*3535*	*4130*	*4720*	*5300*	*5890*	*6630*	*7360*	*8110*	*8840*
	h_r 10°	0,16	0,27	0,42	0,59	0,80	1,03	1,29	1,58	1,98	2,43	2,92	3,45
	50°	0,15	0,25	0,39	0,55	0,75	0,97	1,22	1,49	1,88	2,30	2,78	3,30
	100°	0,14	0,24	0,38	0,53	0,72	0,94	1,18	1,46	1,84	2,25	2,72	3,23
300	Q l/m	*2545*	*3390*	*4240*	*5090*	*5940*	*6790*	*7640*	*8480*	*9550*	*10600*	*11670*	*12710*
	h_r 10°	0,13	0,22	0,33	0,47	0,63	0,82	1,03	1,26	1,58	1,94	2,34	2,75
	50°	0,12	0,20	0,31	0,44	0,60	0,77	0,98	1,20	1,51	1,84	2,22	2,65
	100°	0,11	0,19	0,30	0,43	0,58	0,75	0,95	1,17	1,47	1,80	2,18	2,58

Tabelle 7. Widerstandszunahme infolge Verminderung der Rohrlichtweite.

Die Zeichen d', c' und h' beziehen sich auf den verengten Querschnitt.

Verminderung d. lichten Durchm.	$d-d'$ in $^0/_0$	**1**	**2**	**3**	**4**	**5**	**6**	**8**	**10**	**15**	**20**
Verhältniswert d. Durchmesser . . .	d'/d	0,99	0,98	0,97	0,96	0,95	0,94	0,92	0,90	0,85	0,80
Verhältniswert d. Geschwindigk. .	c'/c	1,02	1,04	1,06	1,08	1,10	1,13	1,18	1,23	1,38	1,56
Verhältniswert d. Druckverluste .	h'/h	1,05	1,10	1,16	1,22	1,29	1,37	1,52	1,69	2,27	3,06
Zunahme des Druckverlustes .	$h'-h$ in %	**5**	**10**	**16**	**22**	**29**	**37**	**52**	**69**	**127**	**206**

Eine etwaige Zunahme der Wandrauhigkeit infolge von Ablagerungen ist in diesen Werten noch nicht berücksichtigt.

Tabelle 8. Widerstandsbeiwerte ζ und virtuelle Rohrlängen L_v.

Bezeichnung	ζ	L_v
Bogen (Krümmer) 90°	0,2—0,3	(8—12) d
„ „ 180°	0,3—0,5	(12—20) d
Knie	1,0—1,5	(40—60) d
T-Stück Durchgang	1,0	40 . d
„ „ Abzweigung	1,5	60 . d
„ „ Zusammenfluß	3,0	120 . d
Wasserschieber, ganz geöffnet	0,1	4 . d
Durchgangsventil, ganz geöffnet	5	200 . d
Eckventil, ganz geöffnet	2,5	100 . d
Rückschlagklappe, vertikal	0,8	30 . d
Rückschlagklappe, horizontal	0,25	10 . d
Saugkorb mit Fußventil	—	20—30 m

Da die Widerstandshöhe schließlich noch von der Einbauart abhängig ist (Länge des geraden Rohrs vor oder nach Krümmern, Aufeinanderfolge mehrerer Krümmer im gleichen oder entgegengesetzten Windungssinn u. dgl. m.), insbesondere im Entwurfstadium nicht alle Einflüsse zu erfassen sind, genügen die in der Tabelle angegebenen Mittelwerte.

Scheibenwassermesser haben bei ihrer Nenn-Durchflußmenge einen Druckverlust von etwa 10 m WS.; für andere Mengen kann auch hier die Umrechnung angenähert nach dem quadratischen Gesetz $h_r = k \,.\, Q^2$ vorgenommen werden. Ähnliche Werte gelten für Kapselwerke, wogegen Meßflanschen einen bleibenden Druckverlust von weniger als 1 m WS. besitzen.

Zu den Widerstandshöhen zählt schließlich der Druckverlust eines etwa vorhandenen Speisereglerventils, der auch in dessen ganz geöffneter Stellung noch immer einen endlichen Wert beibehält.

Ebenfalls in der Form $h = k \,.\, Q^2$ darstellbar ist der bei Speisung in den Dampfraum erforderliche Druck vor Austritt durch die Düsen des Verteilrohres.

c) Rauchgasvorwärmer. Der durch einen Rauchgasvorwärmer

(Economiser) bedingte Druckverlust ist im wesentlichen schon durch die angegebenen Gleichungen bestimmt. Seine Größe ist in weiten Grenzen mit der Schaltung der Rohre veränderlich; für die ursprüngliche Greensche Anordnung, bei der alle Rohre parallel durchströmt werden, wird die Wassergeschwindigkeit so gering, daß er rechnerisch kaum mehr mit einiger Genauigkeit zu ermitteln ist. Dann wird man den Druckverlust etwa durch Umrechnung aus dem an einer ähnlichen Ausführung gemessenen finden können, wofür folgende Zusammenhänge gelten.

1. Wird unter sonst gleich bleibenden Verhältnissen die Durchflußmenge von Q auf Q' geändert, so wird der Druckverlust

$$h_r' = h_r \cdot \left(\frac{Q'}{Q}\right)^2. \tag{8a}$$

2. Wird die Zahl der hintereinander geschalteten Rohre von i auf i' geändert, so wird

$$h_r' = h_r \cdot \frac{i'}{i}. \tag{8b}$$

3. Wird die Zahl der parallel geschalteten Rohre von n auf n' geändert, so wird

$$h_r' = h_r \cdot \left(\frac{n}{n'}\right)^2. \tag{8c}$$

Wird nur die Länge der einzelnen Economiser-Rohre verändert, so ist die Umrechnung nicht durchzuführen, weil dann nicht bekannt ist, wie der Druckverlust der ersten Ausführung auf die geraden Rohrteile und auf die Bogenstücke u. dgl. aufzuteilen ist. In solchen Fällen oder wenn keine ähnliche Ausführung bekannt ist, muß auf Gl. (4) und (7) zurückgegriffen werden, wie aus nachfolgendem Beispiel zu ersehen ist.

Rippenrohr-Hochdruck-Economiser nach Stierle[1] von 1080 m² Heizfläche in drei parallel geschalteten Gruppen mit je 90 hintereinander geschalteten Rohren von 97 mm l. ∅ und 1920 mm Länge, verbunden durch 180°-Bögen von 110 mm Krümmungshalbmesser. Verdampfung des Kessels 40 t/h normal, 50 t/h maximal.

Die Änderung der Durchflußmenge zufolge Änderung des spezifischen Gewichtes bei Aufwärmung in den hintereinander durchflossenen Rohren kann vernachlässigt werden, wenn mit einem der mittleren Temperatur entsprechenden spezifischen Gewicht gerechnet wird.

Beträgt die größte Pumpenliefermenge 130% der Höchstverdampfung, so ist für eine mittlere Temperatur von 60° C die größte Durchflußmenge in einer Economisergruppe 370 l/min und die Geschwindigkeit 0,83 m/s, die Geschwindigkeitshöhe 0,036 m WS. Die gestreckte Rohrlänge ist 235 m, die virtuelle Rohrlänge der Krümmer beträgt 131 m, also ist der Druckverlust für eine Gesamtlänge von 366 m zu rechnen. Nimmt man mit Rücksicht auf die durch die zahlreichen Krümmer wiederholt gestörte Strömung den Widerstandsbeiwert größer als der Rohrlichtweite entspräche, etwa mit 0,04 an, so ergibt sich der Druckverlust für eine

[1] Die Zahlenwerte zu diesem Beispiel sind entnommen aus: Rühl, Speisewasseraufwärmung mittels Kesselabgasen, S. 115 und Tafel 22. Ziemsen, Wittenberg 1927.

Economisergruppe, der bei Parallelschaltung der drei Gruppen auch schon der des ganzen Economisers ist, zu 5,4 m WS.

d) Vakuumetrische Saughöhe. Bei reichlich bemessenen Speiseleitungen ist der Durchflußwiderstand im Vergleich zum Kesseldruck von kleinem Betrag. Trotzdem ist seine Bestimmung wichtig, weil er auch dann noch die Liefermenge unter Umständen (so bei Kreiselpumpen mit flacher Kennlinie) stark beeinflussen kann. Von größter Bedeutung ist er für die Saugleitung (Zulaufleitung). Um nicht in Abhängigkeit von den von Einzelfall zu Einzelfall verschiedenen Abmessungen der Rohrleitung verschiedene Grenzwerte der Saughöhe vorschreiben zu müssen, ist es vorteilhafter, den ebenso wie die geodätische Saughöhe vom äußeren Luftdruck zu deckenden Druckverlust dieser zuzuzählen und dafür die rechnerisch (oder mit Bezug auf die besonderen Pumpensysteme versuchsmäßig) festgelegten Grenzwerte unverändert zu belassen. Weil die um die Widerstandshöhe vermehrte Saughöhe bzw. die darum verminderte Zulaufhöhe von einem Vakuumeter (Manometer) am Pumpenstutzen angezeigt würde, wird diese als vakuumetrische oder manometrische Saughöhe (bzw. Zulaufhöhe) bezeichnet.

Die gesamte Förderhöhe, die die Pumpe zu überwinden hat, ist also

$$H = 10 \,.\, \frac{p_K - p_S}{\gamma_m} + H_g + \Sigma h_r \text{ m WS.} \tag{9}$$

C. Die Antriebsleistung.

Die durch Gl. (1a) und (3) allgemein ausgedrückte, in Gl. (9) für die betrachtete Anwendung ausgewertete Förderhöhe in m WS. gibt auch schon bezogen auf 1 kg/s gefördertes Wasser den ideellen Kraftbedarf der Pumpe in kgm/s kg an. Für eine Liefermenge von G kg/s ist somit die ideelle Speisepumpenarbeit

$$N = G \,.\, H = G \,.\, \int v \,.\, dP \text{ kgm/s.} \tag{10}$$

Für die Bestimmung des Integrals ist der Endwert von v zu kennen, durch den erst $\gamma_m = \frac{\gamma_1 + \gamma_2}{2}$ bestimmt wird. Bei Förderhöhen über 50 at ist die Zusammendrückbarkeit des Wassers zu berücksichtigen; da deren Betrag von der Temperatur des Endzustandes abhängig ist, wird die Speisepumpenarbeit selbst von der Art der Zustandsänderung bestimmt, über welche der Endzustand mit dem Druck P erreicht wird.[1] Eine Vergleichsgrundlage für die wirkliche Speisepumpenarbeit kann nur jene Zustandsänderung bieten, die — abgesehen von allen durch die Ausführung bedingten Verlusten wie Reibung oder Wärmeverluste — nicht prinzipiell mit Verlusten verknüpft ist; das ist für die adiabatische Zustandsänderung der Fall.[2] Für diese wird das Integral der Speisepumpenarbeit (wieder auf 1 kg/s bezogen):

$$A \,.\, \int_1^2 v \,.\, dP = i_2 - i_1 \tag{10a}$$

[1] Smallwood, Thermodynamics of High-pressure Water. Mechanical Engineering 1931, H. 10, S. 714. — [2] Siehe Fußnote 1 auf S. 17.

(wo A das kalorische Arbeitsäquivalent 1/427); in dieser Gleichung sind die Werte des Wärmeinhalts i nicht einfach als die zur Ausgangstemperatur und zu Anfangs- und Enddruck gehörigen Werte aus Tabelle 4 zu nehmen.[1] Die adiabatische Verdichtung bewirkt eine Temperaturerhöhung, wie sowohl aus den mit steigenden Drücken und zu gleichen Temperaturen gehörigen, abnehmenden Entropiewerten der Tabelle 4, deutlicher aus dem is-Diagramm für Wasser (Abb. 1)[1] zu erkennen ist. Der Wert von i_2 ist der zur erhöhten Temperatur gehörige Wärmeinhalt. Um also die ideelle Speisepumpenarbeit zu bestimmen, ist aus der Bedingung unveränderter Entropie durch Interpolation die Zunahme der Temperatur und des Wärmeinhalts bis zum Enddruck festzustellen. Daraus folgt der Endwert des Volumens v_2 und der Wert des Integrals gemäß Gl. (3a)

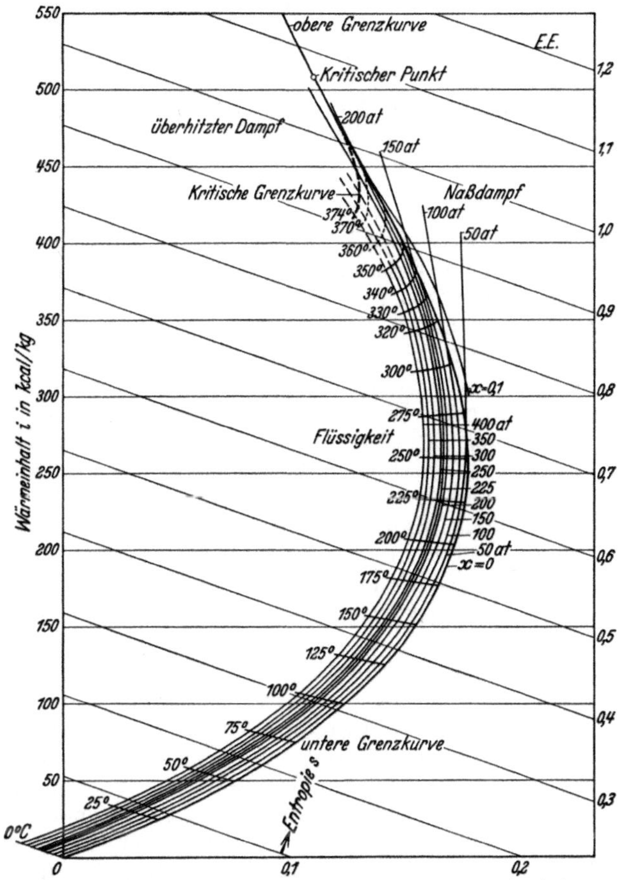

Abb. 1. is-Diagramm für Wasser. Entropie-Achse unter spitzem Winkel (mit sin $= {}^1/_3$) gegen Achse des Wärmeinhalts. Adiabaten (Isentropen oder Linien gleicher Entropie) senkrecht zur Entropie-Achse schräg von rechts unten nach links oben; Linien gleichen Wärmeinhalts waagrecht.[2]
1 mm = 5 kcal/kg, 1 mm = 0,01 E. E.

[1] Vgl. z. B. Hütte I., S. 510 der 26. Aufl. Der Arbeitsverlust in einem Prozeß ist null, wenn die Entropie aller an dem Prozeß beteiligten Körper unverändert bleibt. Diese Bedingung ist am einfachsten gesichert, wenn die Entropie für jeden Körper für sich unverändert bleibt.

[2] Vgl. Fußnote S. 6. Das Diagramm nach Abb. 1 wurde außer in der Z. techn. Phys., wo auch die Tabelle 4 (und zwar bis auf 400 at) zu finden ist, im Arch. Wärmewirtsch. Bd. 14, 1933, S. 152, veröffentlicht.

$$\int_1^2 v \,.\, dP = \frac{v_1 + v_2}{2} \,.\, (P_2 - P_1), \tag{10b}$$

sofern es nicht unmittelbar als Differenz der Wärmeinhalte gerechnet wird. Bei unveränderter Temperatur (d. i. für isotherme Verdichtung) wird die Speisepumpenarbeit:[1]

$$A \,.\, \int_1^2 v \,.\, dP = i_2 - i_1 - T \,.\, (s_1 - s_2), \tag{10c}$$

wo v_1 und v_2, bzw. i_1 und i_2, s_1 und s_2 zur gleichen Temperatur $T = t$ (°C) + 273 gehören. Der Unterschied zwischen den nach (10b) und (10c) berechneten Arbeiten ist praktisch fast immer unerheblich, desgleichen die Abweichung gegen die mit unveränderlichem Volumen (isochore Verdichtung) bestimmte Arbeit $v_1 (P_2 - P_1)$, weshalb in der Regel mit unzusammendrückbarem Wasser (v_1 = const) gerechnet werden darf. Hingegen zeigt Gl. (10c), daß mit Steigerung des Druckes über den Sättigungsdruck der Wärmeinhalt im allgemeinen geändert wird; und zwar (in Zusammenhang mit der Änderung des Volumens) ist aus Tabelle 4 zu entnehmen, daß bei Temperaturen bis 250° C der Wärmeinhalt mit steigendem Druck zu-, ab 275° C abnimmt (die Grenze liegt etwa bei 260° C). Diese Änderung gegen die Werte an der unteren Grenzkurve darf bei Aufstellung einer Wärmebilanz für den Kessel nicht unbeachtet bleiben. Sie beeinflußt aber auch den Wärmeaufwand im Vorwärmer und damit weiters die erforderliche Speisepumpenarbeit. Bei höherem Druck ist für eine bestimmte Temperaturerhöhung eine größere Wärmemenge erforderlich als bei tieferem; wenn dann von der Speisepumpe kaltes Wasser zu fördern ist statt schon vorgewärmten (Abb. 3), wird um den gleichen Betrag die ideelle Pumpenarbeit kleiner. Ist beispielsweise Wasser von 100° (also von 1 at abs.) mit 200° in einen Kessel von 150 at abs. zu speisen, so ist bei Anordnung nach Abb. 3 eine Speisearbeit (unter Benützung der Tabelle 4 und gemäß der vor beschriebenen Rechnungsweise) von 3,63 kcal/kg notwendig; die adiabatische Druckerhöhung ist mit einer Temperatursteigerung von 1,16°, d. i. auf rund 101,2° verbunden. Für die nachfolgende Erwärmung auf 200° ist dann eine Wärmemenge von 204,8 — (102,6 + 1,2) = 101,0 kcal/kg zuzuführen. Darf der Vorwärmer nicht auf den hohen Druck beansprucht werden, so muß das Wasser durch eine Vorwärmepumpe (Abb. 2) zuerst auf mindest den zu 200° gehörigen Sättigungsdruck, d. i. 16 at abs., gebracht werden, wobei eine Arbeit von 0,37 kcal/kg aufzuwenden ist und der Wärmeinhalt des Wassers auf 100,3 kcal ansteigt. Da mit der nachfolgenden Verdichtung eine Temperaturerhöhung von *rd* 2,6° verknüpft ist, braucht im Vorwärmer nur eine Endtemperatur von 197,4° erreicht werden und ist also an das Wasser — mit Verwendung der für 200° gültigen Unterschiede im Wärmeinhalt — eine Wärmemenge von (197,4 + 3,5) — 100,3 = = 100,6 kcal/kg zu übertragen. In der Speisepumpe ist die Arbeit von

[1] Vgl. Fußnote 1 auf S. 16.

3,61 kcal/kg aufzubringen. Die gesamte Speisearbeit beträgt somit jetzt 0,37 + 3,61 = 3,98 = *rd* 4,0 kcal/kg, also um 0,4 kcal/kg oder um 11% mehr als bei Speisung kalten Wassers. Um denselben Betrag, nämlich 101,0 — 100,6 = 0,4 kcal, ist die im Vorwärmer übertragene Wärmemenge kleiner geworden; der Mehraufwand an Arbeit und der Minderbetrag an Wärme müssen einander gleich sein, weil nach dem Energiesatz die Summe aus zugeführter Arbeit und Wärmemenge unverändert bleiben muß, wenn Anfangs- und Endzustand dieselben geblieben sind. Die Zunahme des Pumpenkraftbedarfs folgt übrigens unmittelbar aus der Beziehung (3a): $v_m \,.\, P = h$, womit Gl. (10) übergeht in

$$N_0 = G \,.\, v_m \,.\, P = \frac{G \,.\, P}{\gamma_m}. \qquad (10\,\mathrm{d})$$

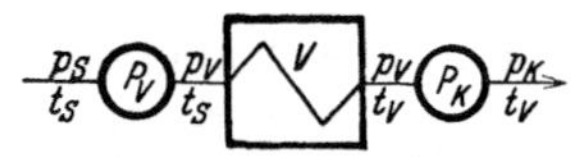

Abb. 2. Schaltung eines Vorwärmers (oder Economisers) V, der nicht auf vollen Kesseldruck beansprucht werden darf, zwischen Vorwärmepumpe P_v und Speisepumpe P_k. Der Druck p_v nach der Vorwärmepumpe muß größer sein als der zur Temperatur t_v gehörige Sättigungsdruck.

Mit steigender Temperatur nimmt γ_m ab und folglich für bestimmte Verdampfungsmenge G und Kesseldruck P die ideelle Antriebsleistung N_0 zu. Da die Zunahme des Pumpenkraftbedarfs bedeutend ist — im Beispiel 11% — wurde vorgeschlagen,[1] den Vorwärmer hinter die Speisepumpe zu schalten (Abb. 3), obgleich er dann für höheren Druck zu bemessen ist und daher entsprechend teuerer wird. Da ein Energiebetrag in Form von Wärme stets billiger zu stehen kommt als in Form von mechanischer Arbeit und die Steigerung des Pumpenkraftbedarfs in dem einen Fall im Verhältnis des Pumpenwirkungsgrades größer wäre als der Mehraufwand an Wärme im Vorwärmer in dem anderen Fall, ist letzterer bedeutungslos gegenüber der Ersparnis im Kraftbedarf der Pumpe, und diese Ersparnis kann unter Umständen nicht nur den höheren Preis des Vorwärmers wettmachen, sondern darüber hinaus noch den Betrieb verbilligen; außerdem wird die Anordnung mit nur einer Pumpe einfacher. Das gilt aber nicht für Economiser, die zwecks Verbilligung nur auf solchen Druck bemessen und beansprucht werden sollen, um sicher jede Dampfbildung in ihnen zu verhindern.

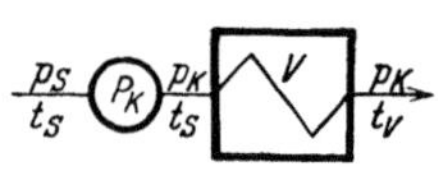

Abb. 3. Schaltung eines auf vollen Kesseldruck zu beanspruchenden Vorwärmers zwecks Verminderung der Speisepumpenarbeit.

Die Erwärmung des Speisewassers in der Pumpe ist zufolge der Reibungsverluste in ihr größer als nach Abb. 1 für gleichbleibende Entropie. Bei einer als Kreiselpumpe ausgeführten 100-at-Pumpe ergab sich z. B. bei einer Liefermenge von 60 m^3/h, Eintrittstemperatur von

[1] Kowsmann, Die Wirtschaftlichkeit der Anordnung von Oberflächenvorwärmern auf der Druckseite der Kesselspeisepumpen. „Die Wärme“, Bd. 56, 1933, H. 29, S. 469. Abb. 2 und 3 entsprechen den dort gegebenen Darstellungen der beiden möglichen Anordnungen.

210^0 C und einem Zulaufdruck von 19,6 at, einem Förderenddruck von 111 at, also einer Förderhöhe von 1067 m, eine Temperaturerhöhung von $2{,}4^0$ C.[1] Bei adiabatischer Verdichtung ergäbe sich eine Temperatursteigerung von $1{,}9^0$ C (Interpolieren in Tabelle 4). Bei Vergleich dieser beiden Werte ist noch zu beachten, daß in dem gemessenen Wert bereits die Abkühlung durch Wärmeabgabe nach außen eingeschlossen ist. Bei einem Kraftbedarf der Pumpe von 460 PS, d. i. auf 1 kg bezogen von 2420 kgm/kg, beträgt der Wirkungsgrad 1067 : 2420 = 0,44 = 44%. Für 1 kg werden also 2420 — 1067 = 1353 kgm in Wärme umgesetzt, d. i. 3,2 kcal/kg. Da die spezifische Wärme des Wassers im genannten Endzustand $c_p = 1{,}075$[2] ist, entspricht dieser Verlustarbeit eine Erwärmung um $2{,}98^0$ C. Die Verlustarbeit führt also eine bedeutend größere Wärmemenge zu, als durch Abkühlung nach außen verlorengeht. Aber auch bei wesentlich besseren Wirkungsgraden als in dem betrachteten Beispiel würde noch immer eine höhere Erwärmung, als der adiabatischen Verdichtung entspräche — trotz der Abkühlung — auftreten.

Wird die Liefermenge Q in l/min angegeben, so ist die ideelle Speisearbeit

$$N_o = \frac{\gamma_m Q\, H}{60\,.\,75} = \frac{\gamma_m Q\, H}{4500}\ PS \tag{11}$$

und mit η als Gesamtwirkungsgrad die wirkliche Antriebsleistung[3]

$$N = \frac{\gamma_m Q\, H}{4500\,\eta}\ PS. \tag{11a}$$

II. Die Verdrängerpumpen.

A. Allgemeines.

Unter der Bezeichnung Verdrängerpumpen sind alle jene Pumpen zu verstehen, bei welchen die Förderung dadurch zustande kommt, daß ein Kolben in einem rohrartigen Hohlraum das Wasser vor sich herschiebt, wie schematisch in Abb. 4 angedeutet ist. Beträgt sein Querschnitt senkrecht zur Bewegungsrichtung F m² und ist seine Geschwindigkeit c m/s, so ist die verdrängte Wassermenge

$$Q = F\,.\,c \quad \mathrm{m^3/s} \tag{12}$$

Das in Abb. 4 eingetragene Diagramm des Druckverlaufes zeigt, daß

---

[1] Weyland, Kreiselpumpen zum Speisen von Hochdruckkesseln. Z. VDI, Bd. 74, 1930, S. 467.

[2] Trautz und Steyer, Die Zustandsgrößen des Wassers. Forschung, Bd. 2, 1931, S. 45.

[3] Zum bequemen Ablesen des „Kraftverbrauchs von Speisepumpen" nach Gl. (11a) kann das im Arch. f. Wärmewirtsch. Bd. 15, 1934, H. 6, veröffentlichte, als Netztafel entworfene „Arbeitsblatt 50" zweckdienlich herangezogen werden. Dieses Arbeitsblatt wird in einer Ergänzung zu der bereits erschienenen „Wärmetechnischen Arbeitsmappe", VDI-Verlag, Berlin 1934, Aufnahme finden.

unabhängig von der Höhenlage des Kolbens auf ihn eine Kraft gemäß dem gesamten Höhenunterschied $H = H_g + h_r$ von der Größe $F \,.\, \gamma' \,.\, H$ auszuüben ist, folglich die Leistung

$$N_o = c \,.\, F\gamma' H = Q\gamma' H \text{ kgm/s} \tag{10e}$$

aufzuwenden ist. Voraussetzung hierfür ist, daß die Saughöhe unter dem Kolben nicht so groß wird, daß unter ihm Verdampfung eintreten kann, also daß

$$\gamma' \,.\, (H_s + h_{rs}) < p_A - p_D, \tag{13}$$

wo nach S. 16 $H_s + h_{rs}$ die manometrische Saughöhe ist.

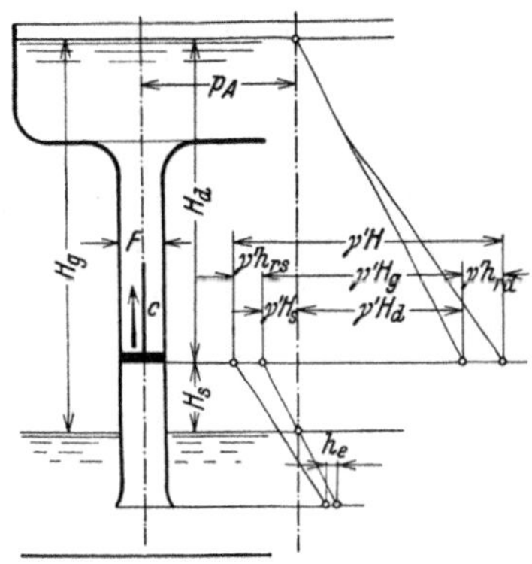

Abb. 4. Schema der Arbeitsweise einer Kolbenpumpe samt Druckdiagramm.

In der wirklichen Pumpe ist die Strömung mit Widerständen verbunden; daher wird am Kolben eine größere Kraft anzubringen sein, als der Gesamthöhe H entspricht. Das Verhältnis von H zu der um die inneren Widerstände h_i vermehrten Höhe heißt der hydraulische Wirkungsgrad η_h. Zufolge des Druckunterschiedes zu beiden Seiten des Kolbens fließt ein Teil des bereits geförderten Wassers durch den engen Spalt zwischen Gehäuse und Kolben wieder zurück, so daß eine um diesen Spaltverlust Q_v größere Wassermenge zu fördern ist, soll Q nutzbar bleiben. Das Verhältnis der nutzbaren Wassermenge zu der um den Spaltverlust größeren heißt der volumetrische Wirkungsgrad η_v (oft auch als Liefergrad bezeichnet; vgl. Fußnote 1 auf S. 33). Durch Reibungsverluste im Triebwerk der Pumpe ist eine größere Antriebsleistung notwendig, als vom Wasser in der Pumpe aufgenommen wird; das Verhältnis dieser vom Wasser aufgenommenen Leistung (entsprechend der um die inneren Widerstände vermehrten Förderhöhe und um den Spaltverlust vermehrten Liefermenge, auch indizierte Leistung genannt, weil sie aus einem Indikatordiagramm der Pumpe abzulesen ist) zur Antriebsleistung ist der mechanische Wirkungsgrad η_m der Pumpe.

$$H = \eta_h \,.\, (H + h_i) \tag{14a}$$

$$Q = \eta_v \,.\, (Q + Q_v) \tag{14b}$$

$$N_i = \eta_m \,.\, N = \gamma' \,.\, (H + h_i) \,.\, (Q + Q_v) \tag{14c}$$

$$N = \frac{\gamma' Q H}{\eta_h \, \eta_v \, \eta_m} = \frac{N_o}{\eta_h \, \eta_v \, \eta_m}. \tag{14d}$$

Der Gesamtwirkungsgrad

$$\eta = \eta_h \cdot \eta_v \cdot \eta_m. \tag{14e}$$

B. Drehkolbenpumpen.

Die konstruktive Lösung der Aufgabe, den Druckraum gegen den Saugraum zu dichten, ohne die kontinuierliche Drehbewegung des Kolbens zu stören, ist auf mannigfaltige Weise ausgeführt worden. Zwei große Gruppen dieser Pumpenart sind die Zahnrad- und die Schieber- (Lamellen-) Pumpen. Bei den Zahnrad-Pumpen stellen die einzelnen Zähne mehrere hintereinander bewegte Drehkolben dar, deren wirksame Fläche F = Zahnbreite $\times$ Zahnhöhe ist. Den Schieber-Pumpen gemeinsam ist eine exzentrisch in einem zylindrischen Gehäuse rotierende Walze, die in radialen Schlitzen die die Kolben darstellenden Schieber oder Lamellen trägt.

Für Zwecke der Kesselspeisung werden diese Pumpen so gut wie nicht verwendet. Bei den großen hier in Frage kommenden Förderhöhen würden die Spaltverluste viel zu groß werden, gar wenn bei Förderung heißen Wassers mit Rücksicht auf Wärmedehnungen größere Spaltweiten notwendig würden. Zufolge der unter Druck aufeinander gleitenden Flächen neigen sie stark zum Verschleiß. Auch ist trotz gleichmäßiger Drehung schon bei mittleren Leistungen ihre Drehzahl niedriger zu halten, als daß eine direkte Kupplung mit einem Elektromotor möglich wäre. Und schließlich haben sie wie andere Kolbenpumpen den Nachteil schlechter Regelbarkeit.

C. Kolbenpumpen.

Unter Kolbenpumpen schlechtweg werden die mit hin- und hergehenden Kolben verstanden.

1. Die Liefermenge.

Die Bewegung des an einen normalen, mit konstanter Winkelgeschwindigkeit ($\omega = \frac{\pi n}{30}$ mit n als Drehzahl U/min) rotierenden Kurbeltrieb angelenkten Kolbens ist bestimmt durch die Größen:

Entfernung des Kolbens von der Totlage $s = r \, . \, (1 - \cos \varphi)$ (15a)

Geschwindigkeit des Kolbens $c = r \, . \, \omega \, . \, \sin \varphi$ (15b)

Beschleunigung des Kolbens $b = r \, . \, \omega^2 \, . \, \cos \varphi$ (15c)

wenn unendlich lange Schubstange ($r/l = 0$) vorausgesetzt wird. Mit $S = 2r$ in m und F der Kolbenfläche in m^2 ist der bei einem Hub verdrängte Rauminhalt $V = F \, . \, S$ m^3 und somit die Liefermenge

$$Q = F \, S \, n \;\; m^3/min = \frac{F \, S \, n}{60} \;\; m^3/s. \qquad (12a)$$

Dieser Wert Q ist nur ein Durchschnittswert; mit Gl. (12) und (15b) ist Q veränderlich und durch eine Sinuslinie dargestellt. Soll in der graphischen Darstellung (Abb. 5) die Diagrammfläche unmittelbar einen Rauminhalt angeben, dann ist als Abszisse die Zeit und nicht der Kurbelwinkel φ aufzutragen, womit die Scheitelordinate der Sinuslinie $\pi \, . \, \frac{F \, S \, n}{60}$ wird und die Fläche unter einem Bogen gleich dem Rechteck über die Zeit $\frac{60}{n} = \frac{2\pi}{\omega}$ als Grundlinie und der mittleren Liefermenge $\frac{F\,S\,n}{60}$ als Höhe und der bei einer Umdrehung geförderten Wassermenge $F\,.\,S$ gleich wird. Die Fläche zwischen der die durchschnittliche Liefermenge angebenden Waagrechten und dem darüber liegenden Bogen der Sinuslinie stellt jene Wassermenge dar, die im Verlauf einer Umdrehung, verglichen mit gleichmäßigem Abfluß, eine Zeitlang zu viel gefördert wird und dann fehlt. Diese Wassermenge muß also in der zwischen den Kurbellagen φ_1 und φ_2 liegenden Zeit gespeichert werden, um nachher die fehlende Förderung zu ersetzen. Dazu dient im allgemeinen der Windkessel der Pumpe und im Hinblick auf die Vorstellung, daß der Windkesselinhalt um diese Wassermenge abwechselnd zu- und abnimmt, wird sie **fluktuierende** Wassermenge genannt. Für die einfach wirkende Pumpe sind die beiden Winkel gegeben durch $\sin\varphi_{1,\,2} = \frac{1}{\pi}$; die fluktuierende Wassermenge findet sich als Verhältniswert zum Hubvolumen mit $J_f = 0{,}55\,.\,FS$.

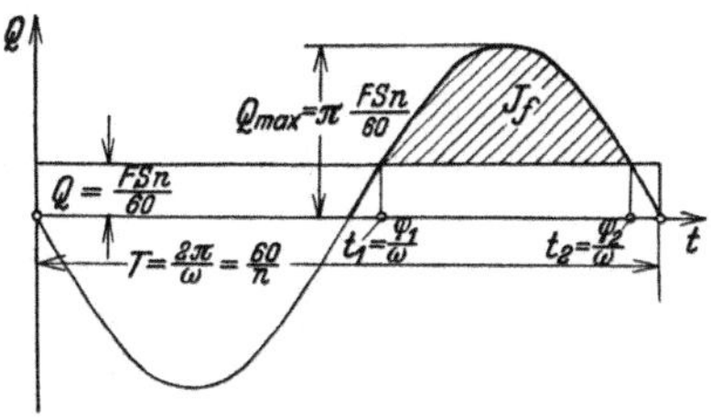

Abb. 5. Lieferdiagramm (Wassermengen-Zeit-Diagramm) einer einfach wirkenden Kolbenpumpe. Die Ordinaten sind Werte der Wassermengen (Zeitvolumina), die Flächen unter der Liefermengenlinie stellen Rauminhalte dar.

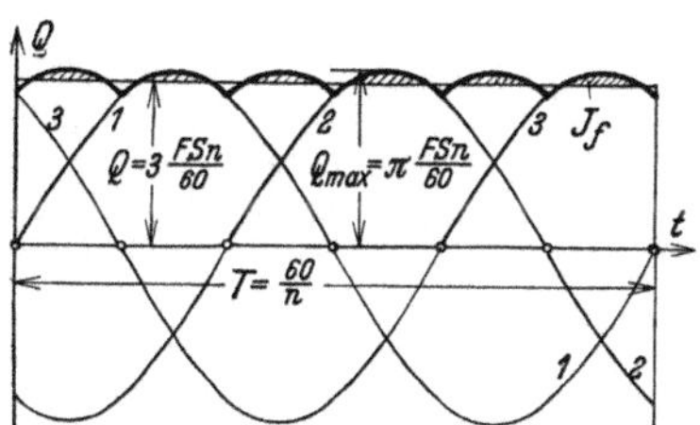

Abb. 6. Lieferdiagramm einer Drillingspumpe.

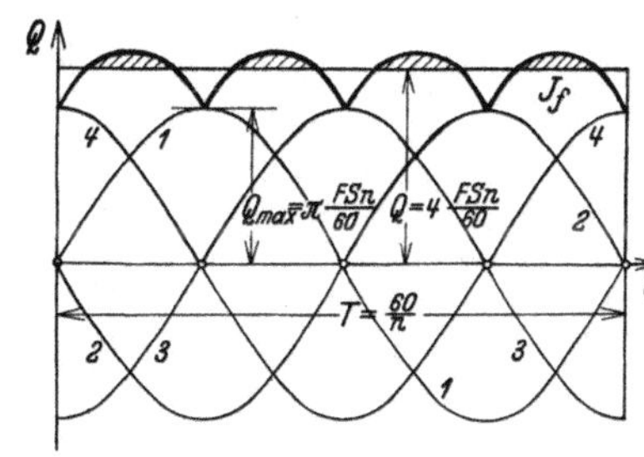

Abb. 7. Lieferdiagramm einer vierfach wirkenden Pumpe.

Wird der Kolben doppelt wirkend ausgeführt, derart, daß die eine Seite drückt, während die andere saugt, so kommt dies zwei einfach wirkenden Pumpen mit Kurbeln unter 180^0, d. i. einer **Zwillingspumpe** gleich. Bei solchen ist der Verlauf der Lieferung durch zwei um eine halbe Periode versetzte Sinuslinien dargestellt, woraus zu erkennen ist, daß trotz Förderung bei Hin- und Rückgang in den beiden Totpunkten die Förderung doch aussetzt. Bei einseitig durchgeführter Kolbenstange unterscheidet sich das Lieferdiagramm der doppelt wirkenden Pumpe (Bauart Abb. 13) von dem der Zwillingspumpe insofern, als der Scheitel der zweiten Sinuslinie im Verhältnis der um den Querschnitt der Kolbenstange verminderten Kolbenfläche niedriger liegt. Bei Umführungsgestänge (nach Abb. 14) fallen die Diagramme beider vollkommen gleich aus. Für solche ist die fluktuierende Wassermenge $J_f = 0{,}21 \,.\, FS$.

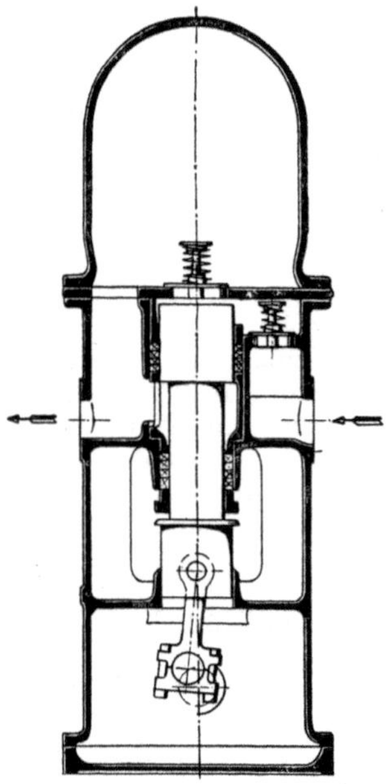

Abb. 8. Differentialkolbenpumpe. Ausführung der Spezialfabrik moderner Pumpen Ernst Vogel, Stockerau b. Wien. Saugen beim Abwärtsgang, dabei Förderung des halben, beim Druckhub (Aufwärtsgang) in den Windkessel gedrückten Hubvolumens, dessen erste Hälfte schon beim Aufwärtsgang in die Druckleitung gefördert wurde.

Nur einfach saugend, aber beim Hin- und Rückgang drückend ist die Differentialpumpe (Abb. 8). Durch Abstufung des Kolbens wird beim Rückgang nicht die ganze beim Hingang angesaugte Wassermenge hinausgedrückt, sondern der der Ringfläche des Stufenkolbens entsprechende Raum in der Pumpe muß aufgefüllt werden. Wird die Ringfläche gleich der halben Kolbenfläche gemacht, so geben Hin- und Rückgang gleiche Liefermenge.

Werden drei einfach wirkende Pumpen, etwa nach Bauart Abb. 9, mit Kurbeln unter 120° zu einer Drillingspumpe (Abb. 10) vereinigt, so ergibt sich die gleichmäßigste Lieferung, wie auch aus den geringen Schwankungen der Liefermengensummenlinie im Lieferdiagramm (Abb. 6) gegen die Gerade der durchschnittlichen Liefermenge zu erkennen ist. Für diese beträgt die fluktuierende Wassermenge nur $0{,}009\, FS$.

Dagegen ist sie bei Vereinigung zweier doppelt wirkender Pumpen mit Kurbeln unter 90°, welche Anordnung „vierfach wirkend" genannt wird, noch $J_f = 0{,}042 \,.\, FS$; auch das Lieferdiagramm (Abb. 7) zeigt die wesentlich schwankendere Liefermenge, wenngleich ein Aussetzen der Lieferung auch hier zu keinem Zeitpunkt mehr auftritt.

2. Windkessel.

a) Rechnungsgrundlagen. Die Berechnung der fluktuierenden Wassermenge beruht auf der Voraussetzung, daß der Windkessel so groß ist, daß trotz ungleichmäßigem Zufluß keine Druckschwankungen in ihm auftreten und ein gleichmäßiger Abfluß möglich ist. Trotz dieser Annahme wird die fluktuierende Wassermenge unter Vorschreibung eines Ungleichförmigkeitsgrades für den Druck im Windkessel zur Berechnung seines dafür erforderlichen Inhalts benützt. Die Veränderlichkeit der Lieferung unter dem schwankenden Windkesseldruck kann nur dann rechnerisch erfaßt werden, wenn ihre gegenseitige Abhängigkeit berücksichtigt, also die Rechnung nicht statisch, sondern dynamisch ausgeführt wird. Eine solche ist notwendig, weil die statische Berechnung allein die unter dieser gegenseitigen Beeinflussung entstehenden Schwingungen nicht verfolgen kann. Die im Windkessel eingeschlossene Luft verhält sich wie eine Feder, auf die im gleichbleibenden Takt Stöße ausgeübt werden. Findet zwischen der Eigenschwingungszahl des aus der elastischen Luft und dem im Druckrohr eingeschlossenen Wasser gebildeten Systems und der Zahl der von der Pumpe darauf ausgeübten Impulse Resonanz statt, so würden immer weiter anwachsende (allerdings durch die Flüssigkeitsreibung gedämpfte) Schwingungen auftreten, die mit endlos wachsenden Druckschwankungen den Betrieb unmöglich aufrechterhalten ließen. Daraus ist bereits zu ersehen, daß nicht nur eine Mindestgröße des Windkessels in Frage kommen kann, sondern daß er unter Umständen auch zu groß sein kann.[1] Die Eigenschwingungszahl der Rohrleitung von der Länge L_d und dem Querschnitt F_d in Verbindung mit dem Windkessel vom mittleren Inhalt W_m und dem zugehörigen Druck h_m ist gegeben durch:[2]

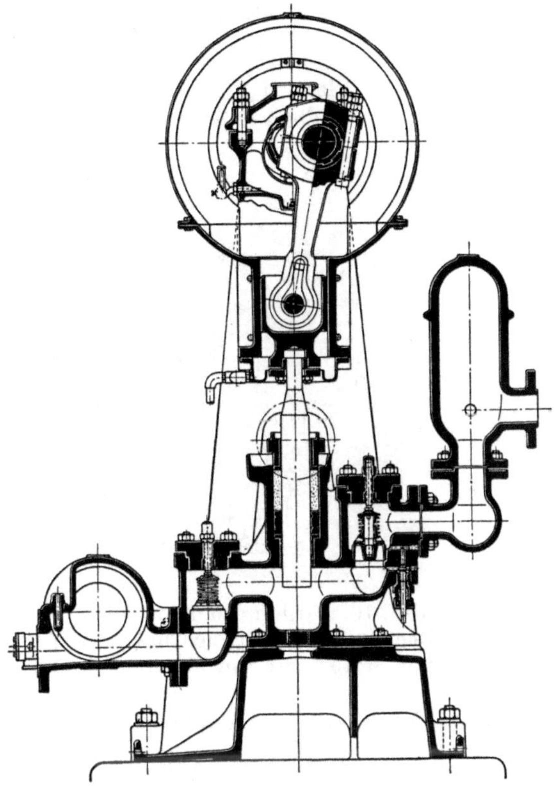

Abb. 9. Einfach wirkende, stehende Tauchkolbenpumpe. Ausführung Weise & Monski, Halle/S. Der kleine Ventilkegel rechts dient zum Auffüllen des Pumpenraums von der Druckleitung aus und zum Anlassen der Pumpe ohne Gegendruck.

$$\frac{q}{2\pi} = \frac{1}{2\pi} \cdot \sqrt{\frac{F_d \cdot h_m}{L_d \cdot W_m} \cdot g}. \tag{16}$$

[1] Auf diese Erscheinungen hat erstmalig Gramberg hingewiesen, vgl. Z. VDI, Bd. 55, 1911. Eine neue Darstellung und eingehende Behandlung des Problems gibt Magyar, Z. techn. Phys., Bd. 7, 1926, S. 396, Theorie der Schwingungen in Windkesseln von Kolbenpumpen.

[2] Vgl. z. B. Hütte II., S. 635 der 26. Aufl.

Mit der Winkelgeschwindigkeit ω ist die Zeit für eine Umdrehung $\frac{2\pi}{\omega}$ und somit die Zahl der in 1 s ausgeübten Impulse z gegeben durch:

für die einfach wirkende Pumpe	....	$2\pi z = \omega$
„ „ Differentialpumpe, saugseitig	......	$2\pi z = \omega$
„ „ „ druckseitig	.....	$2\pi z = 2 \cdot \omega$
„ „ doppelt wirkende Pumpe	....	$2\pi z = 2 \cdot \omega$
„ „ vierfach wirkende Pumpe	....	$2\pi z = 4 \cdot \omega$
„ „ Drillingspumpe	....	$2\pi z = 6 \cdot \omega$

Abb. 10. Drillingspumpe. Ausführung Klein, Schanzlin & Becker A.-G., Frankenthal (Pfalz), unmittelbar gekuppelt mit Motor mit eingebautem Getriebe (ähnlich Abb. 44).

Das Verhältnis $\frac{q}{2\pi z}$ darf keinen einfachen Zahlenwert annehmen und soll nach Möglichkeit wesentlich kleiner als 1 sein, etwa 0,1 bis 0,3; Annäherung an 1, Werte von 0,8 bis 0,9 bedeuten schon bedenklich starke Schwingungen der eingeschlossenen Wassermasse und ebensolche Druckschwankungen. Unter sonst gleichen Verhältnissen verlangt also eine Drillingspumpe einen Windkessel von $^1/_{36}$ der Größe jenes der einfach wirkenden Pumpe; bei Zugrundelegung der fluktuierenden Wassermenge würde er, wenn noch beachtet wird, daß der Hubraum der einfach wirkenden Pumpe dreimal so groß wie der der Drillingspumpe ist, nur mit $\frac{0{,}009}{3 \cdot 0{,}55} = \frac{1}{183}$ der Größe jenes der einfach wirkenden Pumpe zu bemessen sein, also rund fünfmal kleiner als nach der dynamischen Berechnung. Bei einwandfreiem Arbeiten an der einfach wirkenden Pumpe könnte mit $\sqrt{5} = 2{,}24$ die Drillingspumpe gerade ins Resonanzgebiet kommen.

b) Windkessel im Betrieb. Um dem Windkessel einen Luftinhalt von der berechneten Größe und dem mittleren Druck h_m zu geben, ist er vor Inbetriebnahme der Pumpe auf den der statischen Förderhöhe entsprechenden Druck aufzuladen. Ließe man seinen Luftinhalt von

Atmosphärendruck von der Druckleitung her oder durch die Pumpe zusammendrücken, so könnte bei richtiger Bemessung der Windkesselhaube an sich die Verringerung des Luftraumes (z. B. bei 15 at Üb. auf rund $^1/_{16}$, womit die Eigenschwingungszahl viermal größer wird) eben Resonanz herbeiführen. Da das Aufladen des Windkessels ohne mechanische Hilfsmittel nicht durchzuführen ist, kann schon dadurch seine Wirksamkeit in Frage gestellt sein.

Ein weiterer Nachteil ergibt sich aus der mit steigendem Druck zunehmenden Lösungsfähigkeit des Wassers für Gase. Das bereits entgaste oder schlimmstenfalls mit dem geringen, dem Zulaufdruck entsprechenden Gasgehalt in die Pumpe gelangende Speisewasser absorbiert die im Druckwindkessel enthaltene Luft und führt sie mit sich fort in den Kessel. Damit verliert der Windkessel seine Wirkung, bzw. ist wie vor eine Annäherung an den gefährlichen Resonanzzustand zu gewärtigen, wenn nicht für eine kontinuierliche Ergänzung der Luft gesorgt wird, was z. B. durch ein am Pumpenzylinder angebrachtes Schnüffelventil geschehen kann, durch dieses wird während des Saughubes Luft von außen angesaugt und beim Druckhub mit dem Wasser in den Druckwindkessel gefördert. Eine ständige Aufnahme von Luft ist aber unstatthaft. Für neuere Hochleistungskessel kann ein Sauerstoffgehalt von 0,1 g/m³ Speisewasser[1] bereits gefährliche Korrosionen im Kessel zur Folge haben; aber auch bei mäßigerer Dampfleistung der Heizfläche im Verhältnis zum Kesselinhalt muß er kleiner als 0,5 g/m³ bleiben, um diese Korrosionen sicher zu vermeiden. Bei starker Anreicherung des Kesselinhaltes geht Sauerstoff in den Dampf über und gefährdet Turbinenschaufeln, Kondensatorrohre und alle übrigen Dampfgeräte. Das Schnüffelventil darf also nicht in Betrieb bleiben, so daß eine Versorgung des Windkessels mit Luft überhaupt hinfällig wird.

Im Saugwindkessel liegen die Verhältnisse insofern umgekehrt, als sich bei Entspannung die etwa im Wasser gelöste Luft ausscheidet. Eine Zunahme des Luftinhalts, die dadurch im Saugwindkessel bewirkt wird, führt schließlich dazu, daß die Pumpe bei einem Saughub nur Luft bekommt, womit sich wieder ein richtiger Wasserspiegel im Saugwindkessel einstellt. Dieser Vorgang ist mit einem Schlag verbunden, führt aber dem Kessel keine weitere Luft zu, die nicht schon ohne Zutun der Pumpe im Speisewasser enthalten war. Bei praktisch gasfreiem Speisewasser wird der Wasserspiegel im Saugwindkessel unverändert bleiben. Arbeitet die Pumpe mit Zulauf, so wird auch der Saugwindkessel zu einem Druckwindkessel, allerdings mit sehr geringem Überdruck; immerhin kann dann auch hier allmählich eine Aufzehrung des Luftinhaltes stattfinden und auch dieser seine Wirksamkeit verlieren.

---

[1] Kesselbetrieb. Sammlung von Betriebserfahrungen, herausgeg. vom VGB, im Kommissionsverlag bei Springer, Berlin, 2. Aufl., 1931, S. 127. — Durch Anordnung eines mit geringem Spalt im zylindrischen Druckwindkessel geführten Schwimmers (DRP Knorr-Bremse) wird die Berührungsfläche zwischen Wasser und Luft und damit auch die Möglichkeit der Luftaufnahme auf ein Mindestmaß beschränkt (Arch. Wärmewirtschaft, Bd. 15, 1934, S. 136).

3. Pumpe ohne Windkessel.

a) Resonanz zwischen Pumpe und Rohrleitung. Zweck des Windkessels wäre die Verhütung von Stößen oder Wasserschlägen; hingegen werden erst durch seinen Luftinhalt, sofern er ungenügend bemessen ist, Schwingungen ausgelöst. Ohne elastisches Zwischenglied können solche nicht auftreten. Bei der Pumpe ohne Windskesel sind sie auf die Nachgiebigkeit der Rohrleitung selbst und die Zusammendrückbarkeit des Wassers zurückzuführen, zufolge welcher sich die im Rohr befindliche Wassermasse wie eine Feder verhält. Eine Druckerhöhung über den mittleren Wert h_m um $h - h_m$ bewirkt eine Verkürzung der Wassersäule von der ursprünglichen Länge L, die zu einem Teil auf die Ausweitung des Rohres, zum andern auf die Zusammendrückung des Wassers zurückzuführen ist. Federkraft und Trägheitskraft der Wassermasse führen zu einer Sinusschwingung der im Rohr befindlichen Wassersäule, deren Schwingungszahl bestimmt ist durch[1]

$$\frac{p}{2\pi} = \frac{1}{2\pi} \cdot \frac{1}{L} \cdot \sqrt{\frac{g}{\gamma\left(\frac{1}{E_w} + \frac{d}{s} \cdot \frac{1}{E_e}\right)}} = \frac{1}{2\pi} \cdot \frac{a}{L} \tag{17}$$

wobei der Wert

$$a = \sqrt{\frac{g}{\gamma\left(\frac{1}{E_w} + \frac{d}{s} \cdot \frac{1}{E_e}\right)}} \tag{17 a}$$

von der Dimension einer Geschwindigkeit ist und die Fortpflanzungsgeschwindigkeit einer Druckänderung im Rohrleitungswasser, also die Schallgeschwindigkeit im Rohr angibt. Im freien Wasser beträgt diese[2]

$$a_0 = \sqrt{g \, . \, \frac{E_w}{\gamma}} \tag{17 b}$$

wo außer den bereits früher verwendeten Bezeichnungen noch s die Wandstärke des Rohres, E_e den Elastizitätsmodul des Rohrbaustoffes (für Stahl i. M. 2.10^{10} kg/m^2) und E_w den des Wassers bedeuten. Letzterer kann als Reziprokwert des Kompressibilitätskoeffizienten aus den Tabellen von Trautz und Steyer[3] entnommen werden. Seine Zunahme mit der Temperatur hat großen Einfluß auf die Eigenschwingungszahl. Diese darf nicht mit der Zahl der von der Pumpe ausgeübten Impulse in Resonanz geraten; die Drehzahlen, bei denen dies geschähe, sind in Tabelle 9 für eine Länge der Druckleitung von $L = 100$ m angegeben.

---

[1] Magyar, Z. techn. Phys., Bd. 7, 1926; vgl. Fußnote 1 auf S. 25.

[2] Vgl. z. B. Hütte I., S. 554 der 26. Aufl., Schallgeschwindigkeit $= \sqrt{g \frac{dP}{d\gamma}}$. Setzt man die Spannungsänderung $dP = 1$ kg/m^2, die zugehörige Änderung, also $d\gamma = -\frac{dv}{v^2} = \frac{\varepsilon}{v}$, wo $\varepsilon = \frac{1}{E_w}$, so entsteht Gl. (17b).

[3] Vgl. Fußnote 2 auf S. 20.

Bei anderer Leitungslänge ist die gefährliche Resonanzdrehzahl zu rechnen aus:

$$n_R = n_{R,\,100} \frac{100}{L}, \tag{17c}$$

wobei noch als wichtig festzuhalten ist, daß die Rohrlichtweite ohne Einfluß auf die Schwingungszahl ist.

Tabelle 9. Resonanz zwischen Speiseleitung und Pumpe ohne Druckwindkessel.

Temperatur des Speisewassers		°C	0	50	75	100	125	150	175	200	225	250
Kompressibilitätskoeffizient $10^{10}/E_w$		m^2/kg	44	45	50	58	71	87	109	136	168	206
Schallgeschwindigkeit a_0		m/s	1495	1470	1400	1300	1175	1062	948	850	764	690
Schallgeschwindigkeit a für $d/s = 20$		m/s	1350	1335	1280	1200	1100	1005	908	820	743	674
Resonanzdrehzahl n_R U/min für $L = 100$ m	Differentialpumpe.		64,5	63,6	61,2	57,2	52,0	48,2	43,3	39,1	35,4	32,2
	Vierfach wirk. P.		32,3	31,8	30,6	28,6	26,0	24,1	21,7	19,6	17,7	16,1
	Drillingspumpe...		21,5	21,2	20,4	18,7	17,3	16,1	14,4	13,0	11,8	10,7

Als Leitungslänge ist die, für die eingeschlossene Wassermasse maßgebende gestreckte (nicht die virtuelle) Rohrlänge einzusetzen. Je nach Schaltung der Rohre im Rauchgasvorwärmer ist nur die Länge bis zu diesem zu nehmen, und zwar dann, wenn alle seine Rohre parallel durchströmt werden, weil er dann so wie ein Behälter wirkt, an dem die ankommenden Druckwellen zurückgeworfen werden; oder ist sie einschließlich der Vorwärmerrohrlänge zu bestimmen, wenn diese hintereinander durchflossen werden. Da die Pumpendrehzahl nur möglichst weit von der Resonanzdrehzahl verschieden sein soll, ist die Genauigkeit der Rechnung ausreichend. Ihr einzig unsicherer Punkt liegt in der Elastizität der Rohrwand, die durch Flanschverbindungen und manche Einbauten vermindert, durch andere, insbesondere Bogenstücke, gegen die der Rechnung zugrunde gelegten Annahmen erhöht wird. Übrigens ist durch Vergleich der Werte von a und a_0 in der Tabelle 9 zu erkennen, daß bei den fraglichen Rohrdurchmessern und Wandstärken das elastische Verhalten im wesentlichen durch die Zusammendrückbarkeit des Wassers bestimmt ist und auch mit starrem Rohr $\left(\frac{d}{s} = 0\right)$ gerechnet werden kann. Da die aufgezwungenen Schwingungen durch die dämpfende Wirkung der Wasserreibung in ihrer Schwingungszahl nicht beeinflußt werden,[1] ist sie auch ohne Bedeutung für die Resonanzdrehzahl.

b) Kolbendrücke an der windkessellosen Pumpe. Bei Fehlen von Ausgleichsräumen muß in jedem Augenblick die gleiche Wassermenge zur Pumpe zu- bzw. von ihr abfließen, für welche der Kolben

[1] Vgl. etwa Föppl, Grundzüge der technischen Schwingungslehre. Springer, Berlin 1923, S. 78.

gerade Raum freigibt, bzw. die er eben verdrängt. Um die in den Leitungen befindlichen Wassermassen zu beschleunigen, sind Kräfte erforderlich, die vom Kolben auf das Wasser zu übertragen sind; es entsteht hinter ihm eine Druckverminderung, um die Saugwassersäule zu Beginn des Saughubes hinter sich nachzuziehen, eine Drucksteigerung vor ihm, um die Druckwassersäule vor sich herzuschieben. Im zweiten Hubteil, wenn der Kolben in die verzögerte Bewegung eintritt, bewirkt die Trägheit der nachdrängenden Saugsäule eine Drucksteigerung hinter ihm; die sich von ihm entfernende Drucksäule eine Drucksenkung vor ihm. Sind die Massenbeschleunigungen, die wie die Geschwindigkeiten nach der Kontinuitätsgleichung, d. h. der Bedingung: „Querschnitt $\times$ Beschleunigung $=$ $=$ const“ aus der Kolbenbeschleunigung zu rechnen sind, zu groß, so kann auf der Saugseite zu Beginn des Saughubes, druckseitig zu Ende des Druckhubes die Strömung abreißen. Diese Beschleunigungsdrücke bedingen an sich zwar keinen Arbeitsaufwand, weil die in der ersten Hubhälfte dafür aufgewendeten Arbeiten in der zweiten wieder frei werden. Außer Wasserschlägen in der Pumpe bewirken sie jedoch Druckwechsel und Stöße im Kurbeltrieb, als deren Folge die Reibungsarbeiten größer werden und der mechanische Wirkungsgrad verschlechtert wird.

Um die Beschleunigungsdrücke niedrig zu halten, sind vor allem weite Rohrleitungen notwendig. Deshalb werden auch einfach wirkende Pumpen besser vermieden. Obgleich auch in der doppelt wirkenden Pumpe im Totpunkt die Förderung null wird, so sind bei dieser doch die Beschleunigungsdrücke, bezogen auf gleiche durchschnittliche Liefermenge, nur halb so groß wie bei der einfach wirkenden Pumpe; das gleiche gilt für die Druckseite der Differentialpumpe. Bei der vierfach wirkenden Pumpe treten die größten Beschleunigungen ebenfalls im Totpunkt auf; die Steigung der Summenlinie (Abb. 7) ist gleich der der einfachen Sinuslinie und es kommt somit, da diese Steigung das Maß der Beschleunigung ist, auch hier die volle Kolbenbeschleunigung zur Wirkung, die sich wohl, bezogen auf die vierfache Liefermenge, nur zu $^1/_4$ des Wertes von der einfach wirkenden Pumpe geltend macht. Wesentlich günstiger ist die Drillingspumpe, bei der nur die Kolbenbeschleunigung von der Kurbelstellung unter 60^0 Bedeutung hat; diese ist halb so groß wie jene im Totpunkt, so daß bezogen auf die dreifache Liefermenge nur $^1/_6$ der größten Beschleunigung der einfach wirkenden Pumpe in Betracht kommt. Entsprechend dem Kurbelwinkel von 60^0 ist daneben noch die Beschleunigung der im Pumpenzylinder befindlichen Wassermasse $\frac{s F \gamma}{g}$ zu beachten, für welche mit dem Wert von s für 60^0 die Beschleunigungshöhe $\frac{1}{4} r^2 \omega^2$ wird.

c) Die größt zulässige Saughöhe. Mit L_s als Länge und F_s als Querschnitt wird der zur Beschleunigung der in der Saugleitung befindlichen Wassermasse notwendige Unterdruck $L_s \frac{F \cdot r \omega^2}{F_s g}$; bezeichnet h_{vo} den vom Saugventil dem Öffnen entgegengesetzten Widerstand, so ist mit Bezug auf Tabelle 5 und Ungleichung (13) die größt zulässige Saughöhe gegeben durch:

$$h_A - h_D > H_s + h_{vo} + L_s \cdot \frac{F}{F_s} \cdot \frac{r\,\omega^2}{g}. \tag{18a}$$

Diese Beziehung gilt für die einfach wirkende, die doppelt wirkende (Zwillings-) Pumpe und für die Differentialpumpe. Für die vierfach wirkende Pumpe ist zu beachten, daß im Totpunkt des einen Kolbens zufolge Lieferung des anderen die Wassersäule in Bewegung ist, also neben der Beschleunigungshöhe auch noch die Widerstandshöhe nach Gl. (4) zu berücksichtigen ist. Mit $Q = 4 \cdot \frac{F\,S\,n}{60}$ als durchschnittlicher Liefermenge ist die im Augenblick des Hubwechsels in Bewegung befindliche Wassermenge $\frac{\pi}{4} \cdot Q$, so daß gilt:

$$h_A - h_D > H_s + h_{vo} + L_s \frac{F}{F_s} \cdot \frac{r\,\omega^2}{g} + \lambda \frac{L_s}{2g} \cdot \frac{Q^2}{d_s^5}. \tag{18b}$$

Entsprechend wird für die Drillingspumpe:

$$h_A - h_D > H_s + h_{vo} + \frac{1}{2} L_s \cdot \frac{F}{F_s} \cdot \frac{r\,\omega^2}{g} + \frac{1}{4} r^2 \omega^2 + \frac{2}{3} \lambda \cdot \frac{L_s \cdot Q^2}{2g \cdot d_s^5}. \tag{18c}$$

Die Berücksichtigung der endlichen Schubstangenlänge ergibt die Beschleunigung im inneren Totpunkt im Verhältnis von $1 + r/l$ größer als nach Gl. (15); die auf die Massenkräfte sich beziehenden Glieder in (18a) und (18b) sind deshalb in diesem Verhältnis für genauere Rechnungen zu erhöhen, für die übliche Ausführung $l = 5\,r$ um 20%. Für die Stellung unter 60° ist der Unterschied unbedeutend, so daß Gl. (18c) unverändert anzuwenden ist.

Sofern der Saugwindkessel wirksam ist, ist unter L_s für die Massenglieder die Länge der in die Pumpe eingebauten Verbindung zwischen Windkessel und Pumpenraum zu verstehen. Entsprechend der gleichmäßigen Strömung ist rechts das Reibungsglied für die volle, durchschnittliche Liefermenge beizufügen bzw. an Stelle der in (18b) und (18c) befindlichen zu setzen; d. h. aber, daß die geodätische Saughöhe H_s durch die manometrische zu ersetzen ist.

4. Die Ventile.

a) Bedeutung für die Arbeitsweise der Pumpe. Der Durchflußwiderstand der Ventile macht den Hauptteil der inneren Widerstände aus, die für den hydraulischen Wirkungsgrad bestimmend sind. Undichtheiten im Ventil, Öffnen und Schließen zu unrichtiger Zeit oder gar Hängenbleiben sind wesentlich die Ursachen schlechten volumetrischen Wirkungsgrades. Durch Wasserschläge beeinträchtigen sie unter Umständen den mechanischen Wirkungsgrad, gefährden die Betriebssicherheit und sogar den Bestand der Pumpe. Um die Ventilbewegung zu verbessern, wurden deshalb vielfache Untersuchungen durchgeführt. Die Bewegung der Ventile ist immer selbsttätig; der Versuch, sie zu steuern, hatte keinen Erfolg: Damit bei vorzeitigem Öffnen die Strömung nicht abreiße, mußte in der Schlußstellung die Zwangläufigkeit gelöst sein und konnte man die äußere Steuerung nur auf die Bewegungsumkehr wirken lassen. Da der Schlag beim Auftreffen des Ventils auf seinen Sitz und der Wasserschlag bei verspätetem Öffnen dadurch nicht zu beeinflussen war, wurde der Versuch, gesteuerte Ventile zu benützen, bald wieder aufgegeben.

b) Der rechnerischen Behandlung wird die Kontinuitätsgleichung zugrunde gelegt, welche nach Westphal[1] auszudrücken hat, daß die durch das Ventil abfließende Wassermenge gleich ist der vom Kolben verdrängten (angesaugten), vermindert um die beim Öffnen unter dem Ventilteller Platz findende Wassermenge, bzw. vermehrt um die bei seinem Schließen frei werdende, die als Polster den Stoß beim Auftreffen des Ventiltellers mindert. Diese Rechnung führt zu folgenden Ergebnissen:[2]

1. Die Förderhöhe hat keinen Einfluß auf die Ventilbewegung.

2. Die Bewegung selbsttätiger Pumpenventile ist durch eine verschobene Sinuslinie dargestellt.

3. Öffnen und Schließen erfolgen erst nach Hubwechsel, der größte Ventilhub wird erst nach Kolbenhubmitte erreicht.

4. Öffnen des einen Ventils erfolgt gleichzeitig mit Schließen des entsprechenden Gegenventils.

5. Der Ventilschluß erfolgt mit der höchsten vorkommenden Geschwindigkeit (trotz dem Wasserpolster) und daher stets mit Schlag.

6. Die Ventilgeschwindigkeit ist für ein und dasselbe Ventil der Hubhöhe im Totpunkt und damit der Liefermenge proportional und wächst für ein und dasselbe Ventil mit dem Quadrat der Drehzahl.

7. Die Hubhöhe wird durch Vergrößerung der Ventilbelastung oder durch Vergrößerung des Ventilspaltes vermindert.

8. Die Schlußverspätung wird durch Vergrößerung der Belastung, also durch Vergrößerung der Spaltgeschwindigkeit verkleinert.

c) Ergebnisse von Ventiluntersuchungen.[3] Die Widerstände, die der Ventilteller bei seiner Bewegung im Wasser findet, Reibung in seinen Führungen und die Massenkräfte des an seiner Bewegung teilhabenden Wassers sind rechnerisch nicht zu verfolgen. Deswegen ergeben sich gegenüber den Folgerungen aus der Rechnung Abweichungen, als welche zu nennen sind:

Die Verspätung im Öffnen und Schließen zweier zusammen arbeitender Ventile ist nicht gleich; das Öffnen eines Ventiles erfolgt stets später als das Schließen des zugehörigen Gegenventils. Der größte Ventilhub

---

[1] Z. VDI, Bd. 37, 1893, S. 381.

[2] In der nachfolgenden übersichtlichen Zusammenstellung gebracht in: Krauß, Untersuchung selbsttätiger Pumpenventile und deren Einwirkung auf den Pumpengang. VDI-Forschungs-H. 233, Berlin 1920.

[3] Die neuesten und wichtigsten Untersuchungen sind die von Krauß, vgl. vorstehende Fußnote 2. Diese wie auch ältere Arbeiten sind zusammengefaßt und vergleichend dargestellt in: Stückle, Die selbsttätigen Pumpenventile in den letzten 50 Jahren. Springer, Berlin 1925.

wird um so später nach Kolbenhubmitte erreicht, je größer die Drehzahl ist. Dadurch verkürzt sich im Verhältnis zur ganzen Spieldauer (die ja mit wachsender Drehzahl abnimmt) die für das Schließen vorhandene Zeit und um so stärker wird der Ventilschlag beim Auftreffen auf den Sitz. Durch die Verspätung beim Öffnen erfolgt auch dieses — weil erst bei endlicher Kolbengeschwindigkeit — mit Schlag. Die Öffnungsverspätung, die auch durch toten Gang im Kurbelgetriebe unterstützt wird, wird für das Saugventil auch durch geringen Luftgehalt im Wasser vergrößert (wobei sich auch das Fördervolumen verringert[1]), und zwar um so mehr, je größer die Saughöhe ist. Das beim Schließen des Saugventils in die Pumpe gedrängte Wasser trifft mit um so härterem Schlag auf das Druckventil, je mehr dessen Öffnen verspätet ist, wie es für größere Druckhöhe der Fall ist. Die großen Förderhöhen und die hohe Wassertemperatur, welche Luftausscheidung bzw. Dampfbildung begünstigt, rücken bei Speisepumpen die Schlaggrenze für die Drehzahl tiefer herunter und die von Krauß für Hochdruckpumpen ausgesprochene Beschränkung der Saughöhe und Vorschreibung einer Zulaufhöhe selbst bei kaltem Wasser, wodurch erst der für solche Pumpen überaus gefährliche Schlag bei Öffnen des Druckventiles vermieden oder gemildert werden kann, ist hier besonders zu beachten. Bei heißem Wasser sind die aus Versuchen mit kaltem Wasser[2] ermittelten höchst zulässigen Drehzahlen zu vermindern, etwa um 20% bis 75° C, um 30% bis 100° C und um 50% bei noch höheren Temperaturen. Auch die Saughöhe ist deswegen wesentlich kleiner zu halten als nach den Ungleichungen (18a bis c). Die größten, für ruhigen Betrieb der Pumpe zulässigen Drehzahlen sind durch eine Reihe empirischer Formeln zum Ausdruck gebracht worden, die allerdings auch die theoretisch gewonnenen Beziehungen erfaßt haben. So ergibt sich die höchst zulässige Drehzahl, wenn die Schlagstärke der Ventilgeschwindigkeit und dem Hub proportional gesetzt wird nach Klein:[3]

$$n \,.\, h_{\max} = 400 \text{ bis } 450 \; (h_{\max} \text{ in mm}). \qquad (19\text{a})$$

Da der Hub selbst der Drehzahl proportional ist, geht nach Bach[4] das Quadrat der Drehzahl ein, und zwar folgt aus seinen Versuchen, daß die

[1] Diese Verringerung der Liefermenge ergibt sich aus der Raumvergrößerung der eingeschlossenen Luft. Diese kommt auch in einer Verkleinerung der Fläche des Indikatordiagramms zum Ausdruck, wonach sich also im gleichen Verhältnis der Arbeitsaufwand vermindert. Deshalb bedeutet sie keinen Arbeitsverlust und sollte auch nicht dem volumetrischen Wirkungsgrad angelastet, sondern wie bei Luftpumpen durch einen eigenen Liefergrad ausgedrückt werden.

[2] Die Bezeichnung „kaltes" Wasser ohne nähere Temperaturangabe genügt in jenem Bereich, wo der Verlauf der Dampfdruckkurve genügend flach ist, daß eine Temperaturänderung um einige Grad C unbeachtet bleiben darf; das gilt etwa bis zu 30°.

[3] Klein, Über freigehende Pumpenventile. Dingler Pol. J. 1907, S. 353; bei Stückle (s. Fußnote 3 S. 32) auf S. 158.

[4] Z. VDI, Bd. 30, 1886, S. 421; bei Stückle, S. 48.

Konstante selbst von der Ventilbelastung P (vgl. Punkt 7) abhängig ist:

$$n^2 . S = \text{const} . P, \tag{19b}$$

wo die Konstante noch von der Ventilbauart abhängt.

Diese Abhängigkeit und die von der Größe des Ventilspaltes l (vgl. außer Punkt 7 auch Punkt 6) gibt die Formel von Berg[1] wieder, wo statt $n . S$ die diesem Wert proportionale, vom Ventil verarbeitete Wassermenge Q eingeführt ist:

$$n . Q \leqq \frac{1}{k} . \frac{P}{f} . l. \tag{19c}$$

Darin ist noch f die Fläche des Ventiltellers; der Faktor k soll nach Berg mit 1,63 gewählt werden, um genügende Sicherheit gegen Schlag zu vergewissern.

Mit zunehmender Liefermenge (Pumpengröße) wird es also notwendig, die Drehzahl niedriger zu halten. Wenn sie auch noch von der jeweiligen Ventilbemessung abhängig ist, lassen sich doch Durchschnittswerte gebräuchlicher Ausführungen, gültig für Kaltwasser, angeben, Tabelle 10, die auch als Richtlinie zu benützen sind, wenn etwa von einer vorhandenen Pumpe die Konstruktionszahlen nicht bekannt sind.

Tabelle 10. Liefermengen und Drehzahlen für Kurbel-Pumpen.

Liefermenge	l/m	50	75	100	150	200	300
Zwillingspumpe	Saugstutzen l. W. mm	40	50	60	70	80	100
	Drehzahl U/m	200	180	150	120	100	90
Drillingspumpe	Saugstutzen l. W. mm	—	40	50	60	70	90
	Drehzahl U/m	—	300	200	180	160	150

Durch die Ventilbelastung ist im wesentlichen der Öffnungswiderstand und mit der Hubhöhe der Durchflußwiderstand des Ventils bestimmt. Eine Verbesserung des hydraulischen Wirkungsgrades ist nicht etwa durch Verringerung der Ventilbelastung zu erreichen, wodurch ja der Pumpengang verschlechtert würde, sondern nur durch Vergrößerung des freien Durchflußquerschnittes im Ventilsitz. Diese Maßnahme verteuert wohl die Ausführung, sie ist aber notwendig, um bei großen Förderdrücken guten Wirkungsgrad mit ruhigem Gang zu ermöglichen. Kegelsitzventile geben zwar etwas geringeren Widerstand als die mit flachem Sitz; da sie aber schwieriger einzupassen und — besonders bei Mehrringventilen — dicht zu bekommen sind, würde der Gewinn an hydraulischem Wirkungsgrad durch Verschlechterung des volumetrischen mehr als wettgemacht werden. Die Regel bilden deshalb Ventile mit ebenem Sitz.

5. Bauarten.

Bezüglich der Entscheidung zwischen stehender und liegender Bauart gelten die für alle Kolbenmaschinen maßgebenden Umstände.

[1] Berg, VDI-Forschungs-H. 30 und Die Kolbenpumpen, 3. Aufl., S. 410, bei Springer, Berlin 1926.

Die stehende Ausführung verlangt weniger Grundfläche und läßt die freien Massenkräfte des Kurbeltriebes, soweit sie nicht auf die endlich lange Schubstange zurückzuführen sind, unmittelbar durch die Fundamentanker aufnehmen. Sie bildet für Kolbenpumpen mit einfach wirkendem Zylinder als Einzylinder-, häufiger als Zwillings- oder Drillingspumpe die meist gebrauchte Anordnung, weil bei ihr auch die Stopfbüchsen bequem zu überwachen und zu bedienen sind.

Scheibenkolben sind bis zu Drücken von etwa 20 at und Temperaturen von 70° C in Gebrauch. Sie erhalten gußeiserne Spannringe und arbeiten in besonders eingesetzten Laufbüchsen (Abb. 13). Oberhalb dieser Grenzen würde das mit der der vollen Förderhöhe entsprechenden Geschwindigkeit durch unvermeidbare Spalte hindurchtretende Wasser an allen bearbeiteten Flächen Korrosionen verursachen, die noch durch die höhere Temperatur sowie das meist alkalische Verhalten der Speisewässer gefördert würden. Auch bei kleineren Drücken werden sie nur bei liegenden Pumpen zwecks Beschränkung der Baulänge angewendet. Für einfach wirkende Pumpen sind Tauchkolben (Plunger) die Regel. Sind diese doppelt wirkend auszuführen, so werden die Zylinder getrennt und zwischen ihnen Stopfbüchsen angeordnet oder beide Tauchkolben werden durch ein Umführungsgestänge verbunden (Abb. 14), wobei die Stopfbüchsen nach außen kommen und gut zu bedienen sind. Auch eine von außen nachstellbare, innenliegende Stopfbüchse (Abb. 13) ist möglich.

Als Stopfbüchsenpackung kann bis etwa 70° C aus vegetabilischen, langfaserigen Stoffen — Hanf, Baumwolle, Flachs — mit hochschmelzendem Fett (nicht Talg) verarbeitetes Material benützt werden. Über 70° soll Asbestpackung mit hochtemperaturbeständiger Öl-Graphit-Schmiere[1] gebraucht werden. Eine Kühlung der Stopfbüchsen wird bei Kolbenpumpen nicht erforderlich, weil durch den hin- und hergehenden Kolben genügende Wärmeabfuhr gesichert ist. Das heiße Speisewasser kann nach einer Ausführung der Maschinenbau-A. G. Balcke, Frankenthal, durch Anordnung der Saug- und Druckventile in einiger Entfernung vom Zylinder, von der Pumpe selbst ferngehalten werden.[2] Die zwischen den Ventilkasten und dem Zylinder eingeschlossene Wassersäule pendelt, der Kolbenbewegung folgend, hin und her und wirkt dadurch auf das zu fördernde Wasser gewissermaßen selbst als Pumpenkolben. Um eine allmähliche Erwärmung des Pumpeninhalts durch Berührung und Mischung mit dem heißen Speisewasser zu verhindern, sind die Verbindungsrohre zwischen Ventilkasten und Zylinder doppelwandig ausgebildet und wird durch den Ringraum Kühlwasser geleitet.

6. Werkstoffe.

Das Gehäuse wird je nach Höhe des Druckes und seinen lichten Abmessungen aus Gußeisen oder Stahlguß ausgeführt. Für Tauchkolben

[1] Diegmann, Grundbedingungen für absolut dichten Schluß aller Stopfbüchsen. Arch. Wärmewirtschaft, Bd. 14, 1933, S. 321.

[2] Goos, Die Höchstdruckanlage auf Dampfer „Uckermark". Z. VDI, Bd. 75, 1931, S. 1435.

wird mit Rücksicht auf heißes Wasser Rotguß, besser Bronze, für höher beanspruchte Teile Deltametall benützt. Besondere Sorgfalt verlangen die Ventile, deren Baustoff spezifisch leicht sein soll, glatte Dichtungsflächen ergeben und gegen Anfressungen widerstandsfähig sein muß; hiefür kommen Sonderbronzen, auch Ni-Legierungen in Frage, die auf Grund langjähriger Betriebserfahrungen von den Pumpenbauanstalten ausgewählt werden.

7. Regelung der Liefermenge.

Sieht man von der Verschlechterung des volumetrischen Wirkungsgrades mit zunehmender Förderhöhe ab, so ist die Liefermenge einfach der Drehzahl proportional. Eine Regelung der Liefermenge würde also eine Veränderung der Drehzahl verhältnismäßig im gleichen Bereich erfordern, was stetig und in genügendem Ausmaß selten zu verwirklichen ist. Eine Veränderung des Hubes durch Verstellung der Kurbel ist bei den großen, von ihr aufzunehmenden Kräften gleichfalls nicht einfach durchzuführen und wird daher nur selten benützt.[1] Will man periodisches Speisen vermeiden, so bleibt als Hilfsmittel der Regelung nur die Rückleitung überschüssig geförderten Wassers zum Speisewasserbehälter, wodurch aber der durchschnittliche Betriebswirkungsgrad weit unter den Pumpenwirkungsgrad, der bei kleinen und mittleren Ausführungen 75 bis 85% beträgt, zu liegen kommt.

D. Dampfpumpen.

1. Bewegungsverhältnisse.

Bei Antrieb einer Kolbenpumpe durch eine Dampfmaschine können beide Kolben, sofern sie nur gleichen Hub besitzen, auf eine gemeinsame Kolbenstange gesetzt werden. Da das Schwungrad zur Überwindung des Totpunkts nur wegen des Kurbeltriebes notwendig wird, ist bei Entfall des Kurbeltriebes kein Stehenbleiben im Hubwechsel zu befürchten, wenn nur im richtigen Zeitpunkt der Dampf auf der andern Kolbenseite zur Wirkung kommt. Dazu sind wohl besondere Einrichtungen an der Steuerung nötig, jedoch wird die Gesamtanordnung einfacher und billiger, die Baulänge geringer, der mechanische Wirkungsgrad durch Vermeidung aller mit dem Kurbeltrieb und seiner Geradführung sowie der durch die Schwungradbelastung in den Kurbelwellenlagern verursachten Reibungsarbeiten verbessert.

Um den Rückgang des Pumpenkolbens zu bewerkstelligen, muß der Dampfkolben unbedingt doppelt wirkend sein. Zwecks gleichmäßiger Ausnützung des Dampfes wird dann auch die Pumpe doppelt wirkend[2]

[1] Löffler, Das Zeitalter des Hochdruckdampfes. Z. VDI, Bd. 72, 1928, S. 1506, wo die Speisepumpe eines Löffler-Kessels mit verstellbarem Hub beschrieben ist.

[2] Die „Spezialfabrik moderner Pumpen Ernst Vogel, Stockerau bei Wien“ baut außer vierfach wirkenden Duplexpumpen mit gelenkloser Steuerung auch Dampfpumpen als Differentialpumpen.

gebaut. Somit stellt jeder Hub für sich einen abgeschlossenen Bewegungsvorgang dar: ist die vom Dampf geleistete Arbeit durch die Wasserförderung und Reibung aufgebraucht, also die zu Hubanfang für Erzeugung der kinetischen Energie des Systems zu viel geleistete Arbeit gegen Hubende wieder aufgezehrt, so ist das Gleichgewicht wiederhergestellt und das System wieder in Ruhe und es kann nun der Rückgang auf gleiche Art eingeleitet und durchgeführt werden. In solcher Weise betrieben, würden aber nicht nur die Geschwindigkeiten und Spielzahlen viel zu klein ausfallen; zufällige Änderungen im Dampf-, im Wasserdruck oder in den Reibungsverhältnissen hätten vorzeitiges Stehenbleiben oder Hinauslaufen über das durch die konstruktive Ausbildung bestimmte Hubende zur Folge. Deshalb muß im ersten Teil des Hubes mit großem Überschuß des Dampfdruckes gearbeitet werden und die kinetische Energie der Massen kann gegen Hubende nicht allein durch die noch zu leistende Pumpenarbeit, sondern muß durch Gegendampf (Verdichtung von Restdampf) aufgezehrt werden. Die Größe des Überschusses bestimmt die Geschwindigkeiten bzw. die an die Massen übertragene kinetische Energie; sollen auch kleine Spielzahlen möglich sein, d. h. soll auch mit kleinem Dampfdrucküberschuß gefahren werden, so muß der Dampfzylinder sehr große, am besten Vollfüllung erhalten. Die Veränderung der Spiel- oder Hubzahl erfolgt dann nicht durch Änderung der Füllung, sondern lediglich durch Veränderung des Drucküberschusses, d. h. durch Drosseln des Frischdampfes. Je größer der Überschuß des Dampfdruckes über den Pumpenförderdruck (auf gleiche Kolbenflächen bezogen), um so größer wird die Anfangsbeschleunigung der hin- und hergehenden Massen im Hubwechselpunkt aus der Ruhelage heraus, mit um so stärkerer Krümmung beginnt die Kolbenweg-Zeitlinie (Abb. 11). Um so rascher ist auch eine größere Geschwindigkeit erreicht, für welche die Steigung der Kolbenweg-Zeitlinie das Maß ist. Wo diese gerade verläuft, ist die Bewegung gleichförmig; das ist der Fall, sobald durch die mit der Geschwindigkeit wachsenden Widerstände dem Überschuß Gleichgewicht gehalten wird. Wenn der Auslaß des Hinterdampfes geschlossen, dieser also komprimiert wird, beginnt die verzögerte Bewegung (Punkte K und K'). Das Hubende wird erreicht, wenn die ganze kinetische Energie abgebremst ist, was im allgemeinen um so später der Fall ist, je größer sie war, weshalb der Hub bei kleinerer Geschwindigkeit ebenfalls etwas kleiner wird. In gleicher Weise geht nun der Rückgang von statten: beschleunigte, gleichförmige und verzögerte Bewegung. Die Punkte K bzw. K' liegen für verschiedene Spielzahlen immer auf derselben waag-

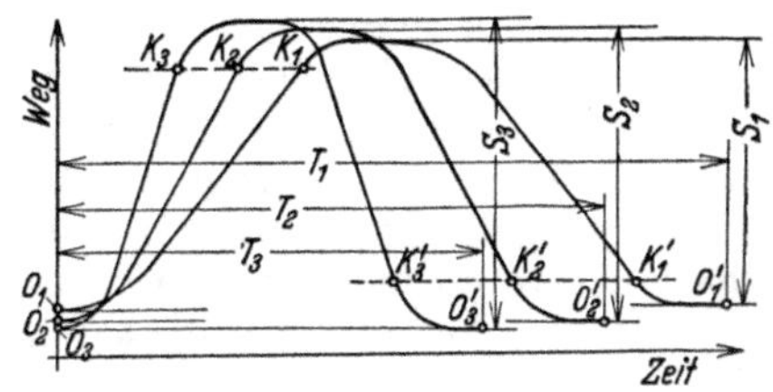

Abb. 11. Entwurf eines Kolbenweg-Zeit-Diagramms einer Dampfpumpe. Die Punkte K bzw. K' geben den Beginn der Kompression an. S ist der Kolbenhub, T die Dauer eines Doppelhubes.

rechten Geraden, entsprechend der gleichbleibenden, durch die Konstruktion bestimmten Lage beginnender Kompression und somit Verzögerung. Je größer die Anfangsbeschleunigung ist, um so enger werden die Wellen im Kolbenweg-Zeitdiagramm, deren Länge die Dauer eines Doppelhubes angibt, um so größer wird also die Spielzahl der Pumpe.

Soll zwecks Verringerung des Dampfverbrauchs die Dampfdehnung ausgenützt, also mit verschiedenen Füllungen gearbeitet werden, so ist zur Erreichung großer kinetischer Energie auch bei kleiner Geschwindigkeit eine große Masse der hin- und hergehenden Teile notwendig. Deswegen wird dann zur Verbundwirkung gegriffen, und zwar schon bei viel kleineren Leistungen als es bei Dampfmaschinen üblich ist; das Verhältnis der Zylinderinhalte gibt dann meist schon die Größe der Dampfdehnung an. Auch Doppelschiebersteuerungen an einem Zylinder werden gebaut, um durch das allmähliche Abklingen der treibenden Kolbenkraft gegen Hubende den Gang der Pumpe und die Ventilbewegung weicher zu gestalten. Da aber die Dampfpumpe heute meist nur noch für kleinere Liefermengen verwendet wird, die Größe des Dampfverbrauchs wenig Rolle spielt, da ja zur Verbesserung der Wirtschaftlichkeit doch eine Abdampfverwertung angeschlossen werden muß, und die Pumpe damit an Einfachheit einbüßt, kommt diesen Sonderausführungen nur noch geringe Verbreitung zu.[1]

Dagegen ist bei den mit voller Füllung arbeitenden Pumpen darauf zu achten, daß der einfache Muschelschieber, der für 100% Füllung ohne Überdeckung arbeiten muß, auch tatsächlich im Hubwechselpunkt umgesteuert wird, wie es für richtige Bewegungsumkehr notwendig ist. Da nämlich der Kolben, wenn er sich diesem Punkt nähert, nur noch kleine Geschwindigkeit besitzen kann, darf die Schieberbewegung nicht vom Kolben unmittelbar abgeleitet werden; sonst bestünde die Gefahr, daß — überhaupt bei kleinen Hubzahlen — seine Energie nicht ausreichte, den Schieber in die entgegengesetzte Lage zu bringen. Eine zusätzliche Drosselung durch den Schieber am Dampfeinlaß in den Zylinder würde die Kolbengeschwindigkeit weiter herabsetzen, die Schieberbetätigung weiter beeinträchtigen und müßte zum Steckenbleiben der Pumpe führen. Dabei ist es gleichgültig, ob der Schieber als gewöhnlicher Flach- oder als entlasteter Dach- oder Kolbenschieber ausgebildet ist. Um die Schieberbewegung für alle, auch die kleinsten Hubzahlen sicherzustellen, ist entweder eine Vorsteuerung einzurichten, so daß die Schieberbetätigung durch den Dampfdruck selbst erfolgt (Simplexpumpen) oder sind zwei Zylinder mit um halben Hub versetzten Kolben derart zu verbinden, daß jeder Schieber vom andern Kolben, der gerade seine größte Geschwindigkeit besitzt, umgesteuert werden kann (Duplexpumpen).

---

[1] Die Knorr-Bremse-A. G., Berlin, baut neuerdings eine Verbund-Dampfpumpe mit gestänge- und gelenkloser Steuerung (DRP Tolkien), die weiche Ventilbewegung ergibt. Durch Ausnützung der Dampfdehnung wird bei einer Liefermenge von 350 l/m der Dampfverbrauch bis auf 23,4 kg für 1 PSh Speisearbeit bei 15 at Gegendruck und 85° C Wassertemperatur ermäßigt (Arch. Wärmewirtschaft, Bd. 15, 1934, S. 136).

2. Simplexpumpen.

Für die Mannigfaltigkeit der dafür entstandenen Konstruktionen werde als ein Beispiel die Voit-Dampfpumpe (Abb. 12) gebracht, die von Schäffer & Budenberg, Magdeburg-Buckau, und von Klein, Schanzlin & Becker A.-G., Frankenthal (Pfalz), gebaut wird. Die auf der Kolbenstange 1 befestigte Hülse 2 bringt den doppelarmigen Hebel 3 um seinen Drehpunkt 4 in schwingende Bewegung, derart, daß z. B. im rechten Hubende der rechts in ihm eingesetzte Bolzen gegen den Gleitstein 5 stößt und mit der Schieberstange 6 den Steuerschieber 7 nach links schiebt. Die Kanäle unter diesem verbinden den an der rechten

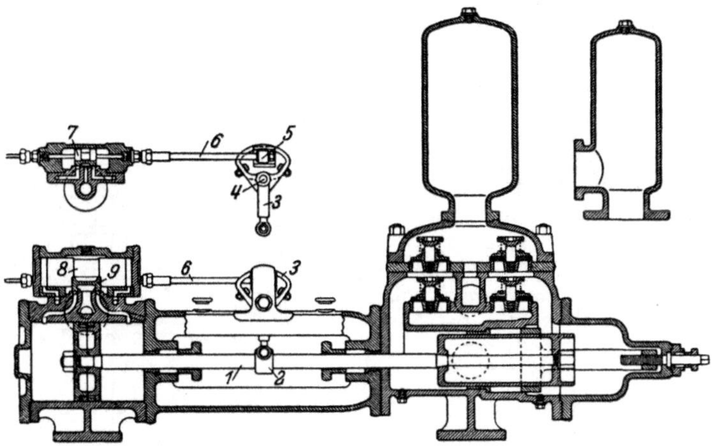

Abb. 12. Voit-Simplex-Dampfpumpe. Ausführung Schäffer & Budenberg, Magdeburg-Buckau und Wien, mit von außen nachstellbarer innenliegender Stopfbüchse.

Stirnseite des Steuerkolbens 8 befindlichen Raum mit dem Frischdampfraum des Schieberkastens, den an seiner linken Stirnfläche mit dem Auspuff. Dadurch legt der Steuerkolben unter der Wirkung des vollen Frischdampfdruckes den Hauptschieber 9 nach links, der Frischdampf tritt rechts in den Zylinder und treibt den Kolben nach links. Der Schieber bleibt während des ganzen Kolbenhubes ruhig, bis die Schwinge ihren Ausschlag zurückgelegt hat und im linken Totpunkt der andere Bolzen an den Gleitstein schlägt, um die umgekehrte Umsteuerung durchzuführen. Außer dem im Schnitt ersichtlichen Hauptkanal, der zu Hubende überstrichen wird, um die nach früherem notwendige Kompression zu erzeugen, ist noch ein — strichliert gezeichneter — Hilfskanal vorhanden, durch den Frischdampf eintreten und die Kolbenumkehr einleiten kann; eine Ausströmung durch diesen ist aber nicht möglich. Da während des ganzen Hubes der Dampfeinlaß auf einer Seite offen bleibt, geht die Pumpe in jeder Stellung an, sobald das Frischdampfventil geöffnet wird, und ist der Betrieb mit beliebig kleinen Hubzahlen möglich. Die dargestellte Ausführung wird bis 15 at verwendet; für höhere Drücke werden die Ventile in eigenen Gehäusen an den Pumpenkörper angebaut und für Drücke über 30 at baut Schäffer & Budenberg die Pumpe mit doppelten Tauchkolben, Umführungsgestänge und außen liegenden Stopfbüchsen.

3. Duplexpumpen.

Die Ableitung der Schieberbewegung von dem zweiten, um halben Hub versetzten Kolben stimmt zwar mit jener von einem Exzenter unter 90^0 gegen die Maschinenkurbel überein und wäre somit bei Fehlen der Überdeckung für die Volldruckmaschine entsprechend. Ohne weitere Hilfseinrichtung würden diesem Schieber noch zwei Übelstände anhaften: 1. mit Ausnahme von Hubmitte würde der Dampfeinlaß in den Zylinder

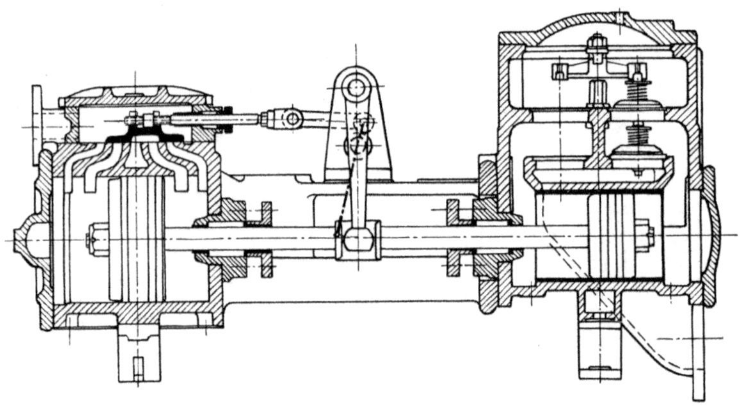

Abb. 13. Worthington-Duplex-Dampfpumpe mit Scheibenkolben.

stark gedrosselt; 2. so wie der Einlaß wäre auch der Auslaß über den ganzen Hub geöffnet, es würde also die für den Betrieb der Dampfpumpe notwendige Kompression fehlen. Beides wird durch die von Henry R. Worthington 1841 erstmalig ausgeführte Konstruktion vermieden (vgl. Abb. 13). Die Eigenart dieser Konstruktion sind 1. der zwischen Schieberstange und Schieber befindliche tote Gang, demzufolge der Schieber nicht sofort die Bewegungsumkehr des andern Kolbens mitmacht, und 2. die Anordnung eines besonderen Auslaßkanals, durch dessen Überschleifen die Kompression ermöglicht wird. In der gezeichneten Stellung, wo der Einlaß links offen ist, legt der in Hubmitte befindliche Kolben eben den Hub nach rechts zurück und der zweite, nicht dargestellte Kolben ist im linken Hubende angekommen und hat mittels des zweiarmigen Hebels den Schieber wie ersichtlich in die rechte Endstellung gebracht. Kehrt der zweite Kolben nun um, so bleibt der Schieber vorläufig noch stehen, bis der tote Gang durchlaufen ist. Währenddessen geht der gezeichnete Kolben so weit nach rechts, daß er seinen Auslaß überschleift und seine Bewegung verzögert, weshalb es nichts mehr zu sagen hat, wenn sein Einlaß links gedrosselt wird, wie es durch den jetzt zurückkehrenden Schieber tatsächlich geschieht. Der Kolben kommt zur Ruhe und der zweite Kolben erreicht seine Hubmitte, so daß er mit größter Geschwindigkeit den Schieber des ersten ruckartig nach links treibt und rechts den Einlaß für den Rückgang freigibt; bis der zweite Kolben seine Bewegung verzögert, hat der erste Schieber schon ganz geöffnet. Die Umsteuerung jedes Kolbens geschieht also wirklich, wenn der andere Kolben größte Geschwindigkeit besitzt, so daß auch bei kleinster Hubzahl ihre Betätigung gesichert ist.

Diese Steuerung ist heute noch für Duplexpumpen die meist verwendete. Abb. 14 zeigt eine Ausführung von Weise & Monski, Halle a. d. S., für 60 at, an der neben der Stangenumführung und den eigenen Ventilkasten die langen Stopfbüchsen hervorzuheben sind. Die Ableitung der Steuerbewegung geschieht mittels Lenkstange; der Schieber ist als entlasteter Dachschieber ausgeführt. Im Schnitt sind nur die Einlaßkanäle zu sehen, von den Auslaßkanälen ist nur die Mündung dargestellt.

Die Worthington-Pumpen- und Maschinenbau-Ges. baut gleichfalls diese Steuerung; die Pumpe wird je nach den in Frage kommenden Drücken mit Scheiben- oder Tauchkolben ausgeführt, bei hohen Dampfdrücken werden entlastete Kolbenschieber verwendet. Große Einheiten erhalten „Kompressionsventile", durch deren Öffnen Ein- und Auslaßkanal zu verbinden und eine Ermäßigung der vom Kolben bewirkten Kompression einzustellen ist. Diese Einrichtung hat den Zweck, die bei großen Massen und zu starker Kompression auftretenden Ventilschläge zu verhüten.

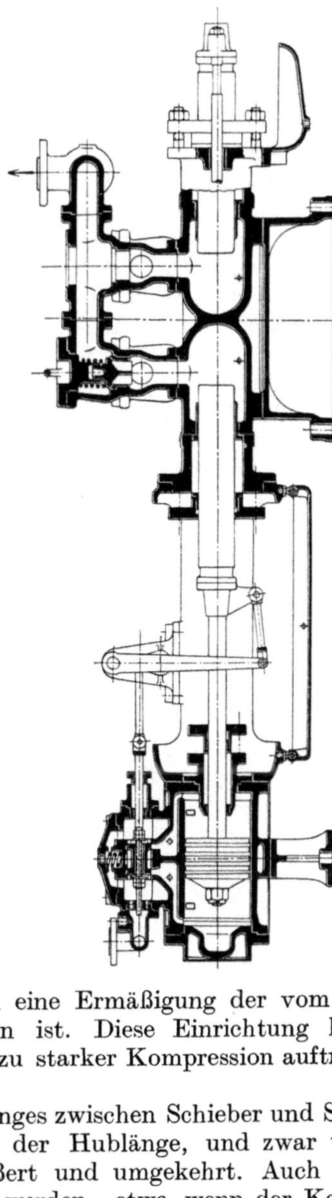

Abb. 14. Duplex-Dampfpumpe mit Worthington-Steuerung. Ausführung Weise & Monski, Halle a. d. S. Für Drücke bis 60 at, mit Dachschieber, Tauchkolben und Umführungsgestänge.

Eine Veränderung des toten Ganges zwischen Schieber und Schieberstange bewirkt eine Veränderung der Hublänge, und zwar wird sie mit größerem toten Gang vergrößert und umgekehrt. Auch einseitig kann dadurch der Hub verkürzt werden, etwa wenn der Kolben an einem Zylinderdeckel anstößt.

4. Liefermengenverlauf.

Bildet man aus dem Kolbenweg-Zeitdiagramm die Differentialkurve, so erhält man die Geschwindigkeits-Zeitkurve oder in entsprechend geändertem Maßstab die Liefermengenkurve. Im Gegensatz zur Sinuslinie der Kurbelpumpe zeigt die Dampfpumpe für den mittleren Teil des Hubes, der mit gleichbleibender Geschwindigkeit zurückgelegt wird, auch gleichbleibende Liefermenge; dagegen setzt sie im Hubwechsel nicht nur für einen einzigen Zeitpunkt, sondern für die Dauer des Kolbenstillstandes mit der Lieferung aus. Demnach ist die Simplexpumpe etwas ungünstiger als die doppelt wirkende Kurbelpumpe. Hingegen gibt die Duplexpumpe eine sehr gleichmäßige Lieferung, weil bei ihr die Unterbrechung bei Stillstand des einen Kolbens durch die Lieferung des zweiten ausgeglichen wird. Die Trägheit der hin- und hergehenden Massen, zu welchen außer den Kolben und Kolbenstangen zum Teil auch noch das in der Pumpe und in den Rohrleitungen befindliche Wasser zu zählen ist, bewirkt hier sogar einen Ausgleich, weil diese Massen ohne den durch den Kurbeltrieb ausgeübten Zwang der Trägheit folgend frei ausschwingen können. Auch beeinflussen die beiden Zylinder einander gegenseitig; die Drucksteigerung bei Verzögerung zu Hubende hinter dem ersten Kolben (d. i. saugseitig) tritt ebenso im zweiten Zylinder auf und treibt dort den noch vor Hubmitte befindlichen Kolben an, die Drucksenkung vor dem ersten Kolben (d. i. druckseitig) wirkt auch auf den Wasserinhalt des zweiten Zylinders und beschleunigt auch den Kolben in diesem. Deswegen sagt Berg:[1] „Da somit die Wassermassen in den Leitungen auf eine gleichmäßige Wasserlieferung der Pumpenkolben unmittelbar hinwirken, erscheint es überflüssig oder sogar unrichtig, in den unmittelbaren Zusammenschluß von Leitungsmasse und Kolben ein federndes Zwischenglied in Gestalt eines Windkessels einzuschalten. Tatsächlich hat sich auch im Betriebe erwiesen, daß bei Duplexpumpen Windkessel entbehrlich sind.“ Es werden zwar auch diese meist mit Windkesselhauben ausgeführt, doch ist es bedeutungslos, wenn die Luft in ihnen nicht ergänzt wird. Da aber die Einzelimpulse bestehen bleiben, ist auch hier auf die Möglichkeit einer Resonanz zwischen Pumpe und Rohrleitung zu achten (Tabelle 9).

Auf den Gang der Ventile ist die Abweichung des Liefermengenverlaufs von der Sinuslinie an sich ohne Einfluß, so daß die für Kurbelpumpen aufgestellten Beziehungen (vgl. Gl. [19]) auch hier gelten. Schließen und Öffnen erfolgen jedoch weicher als bei Kurbelpumpen, weil die Trägheitskräfte an den Wassermassen wegen Fehlens des Kurbeltriebes sowohl in der Beschleunigungs- als auch in der Verzögerungsperiode geringer sind und diese Massen der Trägheit folgend frei ausschwingen können.

Die Saughöhe ist gegenüber den Werten nach Gl. (18a) für Simplexpumpen stark zu vermindern, weil die größte Beschleunigung zu Hubanfang rechnungsmäßig nicht festliegt und bei großem Dampfdrucküberschuß sehr groß wird. Selbst bei unmittelbarem Anschluß der Pumpe

[1] Berg, Kolbenpumpen, 3. Aufl., S. 365.

an einen unter dem Sättigungsdruck stehenden Behälter kann zur Deckung der Beschleunigungshöhe eine bedeutende Zulaufhöhe notwendig werden.[1] Aber auch für Duplexpumpen ist noch die größere Beschleunigung gemäß der für vierfach wirkende Pumpen geltenden Gl. (18b) maßgebend.

5. Der Dampfverbrauch.

Dampfpumpen werden meist mit Sattdampf betrieben, denn der Vorteil der Dampfüberhitzung ist nicht so sehr in der Verbesserung des theoretischen Verbrauchs, als hauptsächlich in der Verringerung der Austauschverluste begründet, die aber von der Füllung ziemlich unabhängig sind. In der Volldruckmaschine würde sich deshalb ein Gewinn durch Verwendung überhitzten Dampfes nur in bescheidenem Ausmaß geltend machen; gegenüber dem noch immer hohen Dampfverbrauch bedingte die Vollfüllung jedoch sehr hohe Wandtemperaturen, so daß für die Volldruckmaschine Sattdampf mit den einfacheren Betriebsverhältnissen, insbesondere der einfacheren Schmierung vorzuziehen ist.

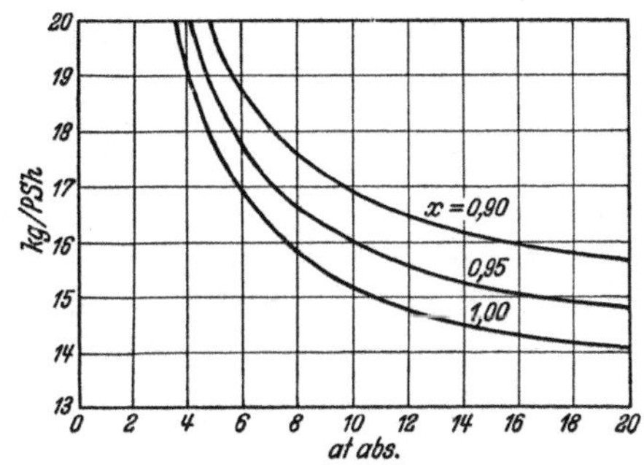

Abb. 15. Dampfverbrauch in der verlustfreien Volldruckmaschine bei Sattdampfbetrieb und für verschiedene Dampfnässe.

Für die verlustfreie Volldruckmaschine folgt der theoretische Dampfverbrauch C_o in kg/PSh aus dem Druck-Volumendiagramm oder aus dem Wärmediagramm des Ersatz-Kreisprozesses[2] zu:

$$C_o = \frac{270.000}{10^4 \cdot (p_1 - p_2)(v_1'' - v')} \text{ kg/PSh}, \tag{20}$$

wo v_1'' das Volumen des trocken gesättigten oder nassen Dampfes und v' jenes des Wassers, beide in m^3/kg sind. Mehr als dieser theoretische Wert (Abb. 15) ist der Dampfverbrauch der wirklichen Maschine in hohem Maße von der Dampfnässe abhängig; da über diese bei der Fortleitung verhältnismäßig kleiner Dampfmengen mit großen Wärmeverlusten einerseits und der durch die Drosselung bewirkten Wärmezufuhr anderseits genaue Aussagen zu machen nicht möglich ist, hat ein Vergleich mit den theoretischen Werten nicht viel Bedeutung. Immerhin wird durch

[1] Wagner, Die Schmidt-Hochdruck-Lokomotive. Z. VDI, Bd. 72, 1928, S. 1521: „Die aus dem Niederdruckkessel (16 at) ansaugende Pumpe zeigte heftige Wasserschläge und Dampfbildung, weil die schwungradlosen Pumpen mit großer ruckartiger Anfangsbeschleunigung eine große Beschleunigung des angesaugten Wassers verlangen."

[2] Kämmerer und Grün, Automatische Rückspeiser. Sparwirtschaft, Bd. 10, 1932, S. 5, 48 u. 83.

deren Vergegenwärtigung ein Urteil darüber möglich, was selbst bei bester Ausführung diesbezüglich überhaupt verlangt werden darf. Infolge der Verluste durch Drosselung des Dampfes im Ein- und Auslaß, durch schädlichen Raum und vornehmlich durch Kondensation, weiters infolge der durch den hydraulischen und volumetrischen Wirkungsgrad ausgedrückten Verluste in der Pumpe betragen die wirklichen Verbrauchszahlen das Doppelte bis Dreifache der theoretischen; bezogen auf nutzbar an das Speisewasser übertragene Arbeit bewegen sie sich demnach zwischen 50 kg/PSh bei den kleinsten bis zu 25 kg/PhS bei den größten Ausführungen. Durch Anwendung der Dampfdehnung kann der Verbrauch um etwa 20 bis 25% gesenkt werden. Bei verminderter Hubzahl nimmt er rasch zu (Abb. 16), weshalb die Pumpe nicht unnütz überdimensioniert werden soll. Der thermische Wirkungsgrad der Dampfpumpe allein ist stets so niedrig, daß eine Abdampfverwertung angeschlossen werden muß, wobei zwar das Kondensat wegen Verölung verloren zu geben ist; jedoch ist eine Ausnützung der Dampfwärme immer möglich, gleichviel ob ein Rauchgasvorwärmer vorhanden ist oder nicht, denn die Aufwärmung des Speisewassers beträgt bei einem Dampfverbrauch von 2 bis 4% der gespeisten Wassermenge etwa 10 bis 20° C.

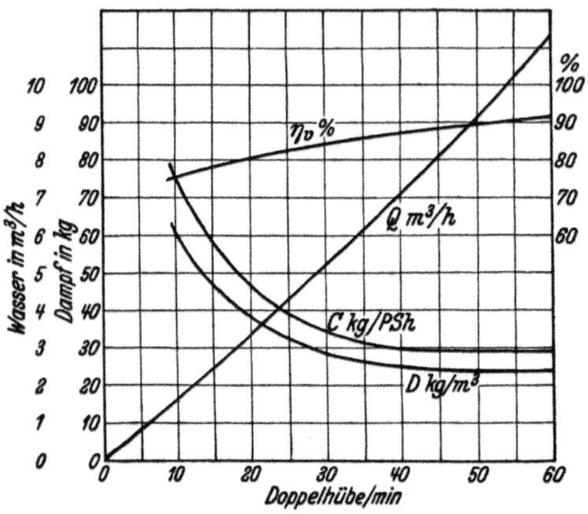

Abb. 16. Liefermengen, volumetrischer Wirkungsgrad und Dampfverbrauch einer Voit-Simplex-Dampfpumpe von 150 und 100 mm Bohrung und 220 mm Hub.

6. Regelung der Liefermenge.

Die normale Leistung gibt die Dampfpumpe etwa, wenn der Dampfdruck zwei Drittel des Förderdrucks beträgt. Doch muß auch bei der größten Leistung (Hubzahl) unter Berücksichtigung des Druckverlustes in der Dampfzuleitung und den Widerständen in der Speiseleitung der Dampfdruck immer noch kleiner sein als der Förderdruck, soll der Betrieb mit Dampf aus dem gespeisten Kessel möglich sein. Mit der Hubzahl die dieser größten Leistung entspricht, d. i. etwa die doppelte normale, soll die Pumpe nicht dauernd betrieben werden. Es wäre verfehlt, die Gestänge und deren Zapfen auf die Beanspruchung der größten Geschwindigkeit zu bemessen, die nur höchst selten und dann nur vorübergehend in Frage kommt; da die bewegten Massen auf die Dampfausnützung und die Ruhe des Ganges bestimmenden Einfluß haben, würde die Pumpe bei solcher Bemessung dauernd zu ungünstig arbeiten, wogegen ein kurzzeitiger Betrieb mit erhöhter Geschwindigkeit ohne

Bedeutung für die Abnützung ist, wenn dafür auch die Teile etwas schwach bemessen sind. Daraus erklärt sich weiters der Umstand, daß Dampfpumpen im Verhältnis zur dauernd möglichen Leistung für größere Liefermengen zu wählen sind als Kreiselpumpen (Tabelle 2). Die überhaupt größte zulässige Hubzahl ist wie bei Kurbelpumpen durch Rücksicht auf die Ventile bestimmt; so wie dort ergeben sich daher kleinere Werte bei größeren Liefermengen-Nennwerten. Für durchschnittlich gebräuchliche Ausführungen gibt Tabelle 11 einen Überblick.

Tabelle 11. Liefermengen und Hubzahlen für schwungradlose Dampfpumpen.

Saugstutzen l. W. mm	40	50	60	80	90	100	125	150	175	200
Höchst-Liefermenge l/m ...	60	100	140	240	300	420	600	900	1200	2000
Höchst-Doppelhubzahl/min.	125	125	100	85	80	75	70	60	55	50

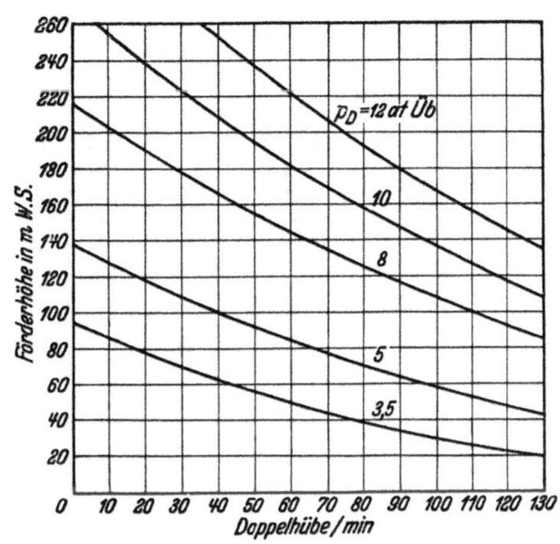

Abb. 17. Änderung der Spielzahl einer Duplexpumpe von 80 mm dampfseitiger und 50 mm wasserseitiger Bohrung und 70 bis 80 mm Hub bei Änderung des Förderdrucks für jeweils gleichbleibenden Dampfdruck p_D (Kennlinien $p_D = \text{const}$).

Die Regelung erfolgt durch Drosseln des Betriebsdampfes, was bequemer und feinfühliger als eine zusätzliche Drosselung wasserseitig durchzuführen ist. Ein Vergleich der Wirkung dieser beiden läßt nach Abb. 17[1] erkennen, daß eine Änderung des Dampfdruckes bei gleichbleibendem Gegendruck größeren Einfluß auf die Liefermenge hat als umgekehrt die Änderung des Gegendruckes bei gleichbleibendem Dampfdruck. Die Kurven in Abb. 17 sind in Übereinstimmung mit dem für Kreiselpumpen üblichen Begriff (s. S. 77) als „Kennlinien für $p = \text{const}$" zu bezeichnen, weil sie so wie jene alle für die Regelung erforderlichen Aufschlüsse geben können. Ihr Schnittpunkt mit der Ordinatenachse für die Hubzahl $i = 0$ entspricht dem Gleichgewicht: „Dampfdruck $\times$ Dampfkolbenfläche $=$ Wasserdruck $\times$ Pumpenkolbenfläche". Ihr Schnittpunkt mit der Abszissenachse würde sich für jene Hubzahl ergeben, für die die ganze

[1] Dank der freundlichen Bewilligung durch Herrn Hofrat Prof. Seidler aufgenommen vom Verfasser an einer Speisepumpe im Kesselhaus des Laboratoriums für Wärmekraftmaschinen an der Technischen Hochschule Wien.

Dampfarbeit durch Verluste aufgezehrt wird; da diese nur zum Teil der Geschwindigkeit proportional sind, zum größeren Teil aber ihrem Quadrat (als der durch die Kompression zu vernichtenden kinetischen Energie der hin- und hergehenden Massen), reihen sich diese Schnittpunkte dichter aneinander, als den Dampfdrücken verhältnisgleiche Abschnitte ergeben würden.

Mit kleinerer Hubzahl nimmt auch der volumetrische Wirkungsgrad ab (Abb. 16). Die Liefermenge geht etwas schneller als die Hubzahl, hauptsächlich wegen der gleichzeitig abnehmenden Länge des Hubes, zurück (vgl. Abb. 11).

E. Automatische Rückspeiser.

1. Wirkungsweise.

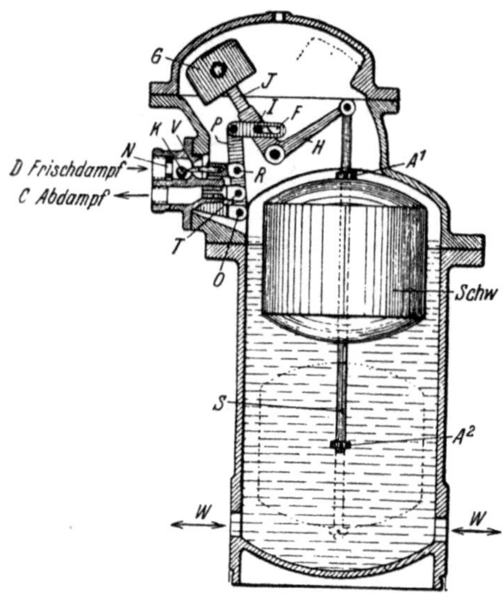

Abb. 18. Rückspeiser mit geschlossenem Schwimmer und Kippgewicht. Ausführung C. F. Scheer & Cie., Feuerbach-Stuttgart.

Als automatischer Rückspeiser ist jede Speisepumpe zu bezeichnen, deren Antrieb in Abhängigkeit vom Wasserstand im Kondensat-Sammelbehälter ein- und ausgeschaltet wird. Im engeren Sinne werden darunter Dampfpumpen[1] verstanden, bei welchen unter Weglassung des Dampf- und Pumpenkolbens der Dampf unmittelbar auf das Wasser drückt und der Kondensatbehälter gleichzeitig als Dampf- und Pumpenzylinder dient. Sieht man von älteren Ausführungen mit beweglichem Sammelgefäß ab, so ist für einen Rückspeiser ein in einem druckfesten Behälter geführter Schwimmer wesentlich, der in seinen Endlagen Dampfein- und -auslaß umsteuert. Der Rückspeiser arbeitet demnach grundsätzlich als Volldruckmaschine. Wasserein- und austritt erfolgen wie bei Kolbenpumpen durch selbsttätige Ventile, hier mit Rücksicht auf die geringen Spielzahlen durch gewöhnliche Rückschlagventile.

Da der Dampf unmittelbar auf das Wasser zur Wirkung kommt, ist der höchst erreichbare Förderdruck kleiner oder höchstens gleich dem Dampfdruck. Deswegen muß für Überwindung der Leitungswiderstände dcr (auch Rückleiter genannte) Speiseapparat einige Meter (etwa 2 bis 3 m) oberhalb des Kessels aufgestellt werden und ihm das Wasser durch einen zweiten, Heber genannten Apparat zugedrückt werden. Nur bei Betrieb

[1] Vgl. Fußnote 2, S. 43.

mit Dampf aus einem anderen Kessel höherer Spannung kann der Rückspeiser außer dem Kesseldruck eine geodätische und Widerstandshöhe überwinden.

2. Bauarten.

Damit beim Umsteuern der Dampfein- und -auslaßorgane Frischdampf nicht ungenützt abgehen kann, darf der Einlaß erst geöffnet werden, wenn der Auslaß schon geschlossen ist. Diese Bedingung wird auch angenähert bei gleichzeitiger Betätigung beider Ventile eingehalten, wenn Öffnen und Schließen schlagartig erfolgen. Dann dürfen dafür aber auch große Kräfte aufgewendet werden, so daß einsitzige, nicht entlastete Ventile möglich werden, die dauerndes Dichthalten gewährleisten. Um schlagartig die großen Kräfte frei zu bekommen, wird der Schwimmer nicht unmittelbar mit den Ventilen gekuppelt, sondern es wird sein Arbeitsvermögen während des Hubes durch Gewicht oder Feder (Schneider & Helmecke, Offenbach a. M.[1]) aufgespeichert und erst in seinen Endlagen ausgelöst. Dadurch bleiben die Dampfventile während des Schwimmerhubes festgehalten und Fehlumsteuerungen sind vermieden.

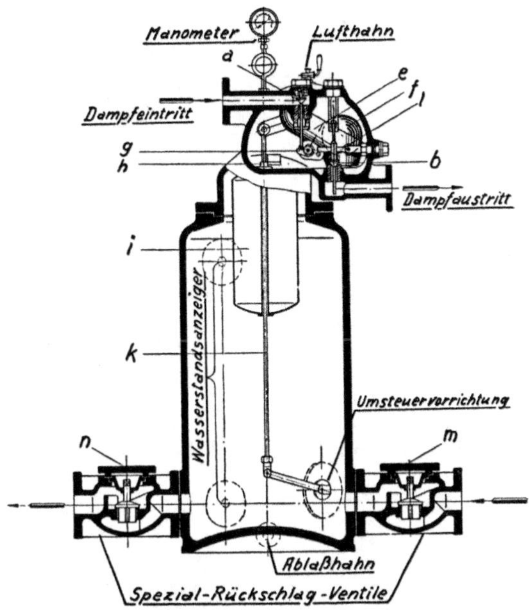

Abb. 19. Rückspeiser mit geschlossenem Schwimmer und Rollgewicht. Ausführung Bühring-Apparatebau-Ges., Berlin-Charlottenburg und Bühring & Bruckner, Wien.

Der Rückspeiser der C. F. Scheer & Cie., Feuerbach-Stuttgart, (Abb. 18) besitzt ein Kippgewicht, das der Schwimmer, sobald er bis zum Anschlag A^2 gesunken ist, allmählich anhebt. Durch das Gewicht wird aber erst nach Durchlaufen des Schlitzes F durch den Stift I die Umsteuerung vollzogen.

Eine ähnliche Ausführung mit Kippgewicht stammt von Schumann & Co., Leipzig-Plagwitz.

[1] Eine Abbildung dieses Rückspeisers ist zu finden in: Kämmerer und Grün, Automatische Rückspeiser. Sparwirtschaft, Bd. 10, 1932, S. 85; und in Gugger, Kesselausrüstungsteile in neuzeitlichen Kesselanlagen. Z. Bayer. Rev. Ver., Bd. 38, 1934, S. 98.

Mit einem Rollgewicht arbeitet der Rückspeiser der Bühring-Apparatebau-Ges., Berlin-Charlottenburg (Bühring & Bruckner, Wien) (Abb. 19). Wird bei Anstoßen des Schwimmers an dem unteren Anschlag die Laufrinne in die waagrechte Lage gezogen, so wird das Frischdampfventil von der Klaue *g* freigegeben und durch den Frischdampfdruck zugestoßen; gelangt die Kugel *f* in die rechte Endlage, wird durch den rechts an der Klaue *g* angebrachten Stift der Hebel *l* und von diesem das Abdampfventil angehoben.

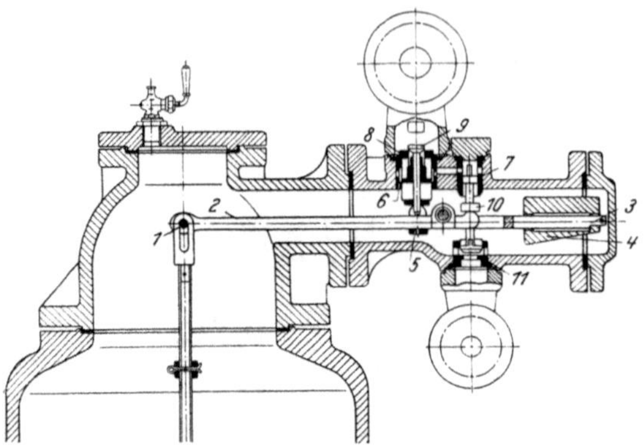

Abb. 20. Rückspeiser mit geschlossenem Schwimmer und dampfgesteuerten Ventilen. Ausführung Schiff & Stern, Leipzig und Wien.

Durch Dampfdruck wird die Umsteuerung im Apparat von Schiff & Stern, Leipzig und Wien, bewirkt. Hat der Bolzen 1 das Langloch (Abb. 20) durchlaufen und mittels Hebel 2 das Hilfsventil 9 geöffnet, tritt durch

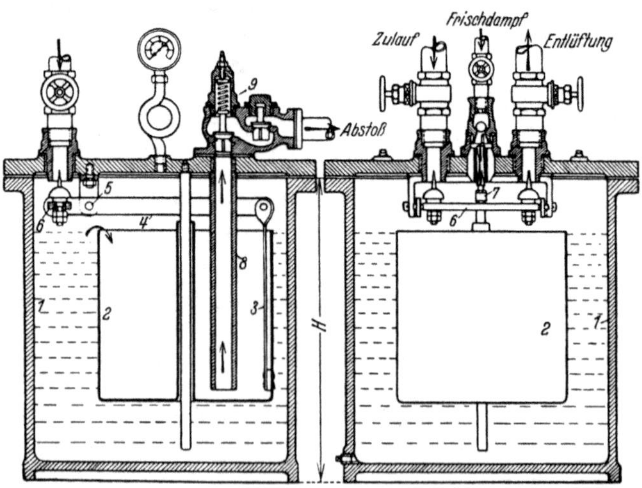

Abb. 21. Rückspeiser mit offenem Schwimmer. Ausführung C. F. Scheer & Cie., Feuerbach-Stuttgart.

die Schlitze der Büchsen 6 und 7 Frischdampf über den Kolben 10 und stößt das Abdampfventil auf seinen Sitz 11. Die an der Verlängerung des Hebels 3 sitzende Tasche 5 ist dabei freigegeben worden und Gewicht 4 öffnet nun mit der oberen Rundung der Tasche 5 das Frischdampfventil 8. In der unteren Schwimmerendlage wird durch Hebel 2 die Tasche entgegen dem Gewicht 4 heruntergezogen; der Dampfdruck stößt Hilfsventil 9 und Hauptventil 8 zu, der Druck auf Kolben 10 entfällt und Hebel 2 hebt das Abdampfventil an.

Der geschlossene Schwimmer nimmt im Rückspeisegefäß Raum für die Wasserfüllung fort, was seine Außenmaße vergrößert. Auch besteht, besonders bei höheren Drücken, die Gefahr des Versagens durch Undichtwerden des Schwimmers. Beide Nachteile umgeht der offene Schwimmer (Abb. 21), welcher die schlagartige Umsteuerung auch ohne besondere Vorkehrung ermöglicht. Ist nämlich der Rückspeiser so weit gefüllt, daß das Wasser den oberen Rand des Schwimmers erreicht, tritt es in ihn ein und vermindert allmählich seinen Auftrieb. In dem Augenblick, wo er zu sinken beginnt, stürzt das umgebende Wasser ins Innere des Schwimmers, worauf er plötzlich untersinkt. Diese Rückspeiser haben jedoch den Nachteil, daß ein Beobachten der Arbeitsspiele an einem Wasserstandsglas nicht möglich ist.

3. Der Dampfverbrauch.

Im Rückspeiser ist der wirkliche Dampfverbrauch wesentlich größer als der nach Gl. (20) berechnete. Infolge der unmittelbaren Berührung zwischen Dampf und Wasser und der hohen Wärmeübergangszahl zwischen diesen sind die Kondensationsverluste ganz bedeutend, allerdings stark mit der Wassertemperatur wechselnd, so daß allgemeine Angaben darüber nicht möglich sind. Jedenfalls wäre die Verwendung von Heißdampf hier nicht nur zwecklos, sondern sogar nachteilig. Da das gebildete Kondensat selbst und mit ihm die ganze Dampf- und Flüssigkeitswärme wieder dem Kessel zugeführt werden, ist der dadurch bedingte Mehrverbrauch kein Verlust; er ist nur insofern unerwünscht, als dadurch die Verwertung anderer Abfallwärme beeinträchtigt oder unmöglich wird. Hat das zu speisende Kondensat sehr hohe Temperatur, so sind die Kondensationsverluste gering und sein Dampfverbrauch kann dann sogar günstiger als der einer Dampfpumpe werden.[1]

4. Anordnung.

Mit größerem Drucküberschuß wird die Dauer der Entleerung abgekürzt und dadurch die Leistungsfähigkeit des Rückspeisers erhöht; deshalb ist sie bei demselben Apparat für den Heber immer größer als für den Rückleiter. Werden die beiden zur Kesselspeisung erforderlichen Apparate durch eine Rohrleitung unmittelbar verbunden, so kann der Rückleiter nur bei Entleerung des Hebers gefüllt werden und der Heber kann nicht früher entleeren, bevor im Rückleiter nicht für die Füllung umgesteuert ist. Dadurch tritt eine Verzögerung im Ablauf der Arbeitsspiele ein, die die Leistungsfähigkeit der Apparate vermindert. Das kann

[1] Heuser, Rationelle Kondensatwirtschaft. „Die Wärme", Bd. 49, 1926, S. 420.

durch Anordnung eines Ausgleichsbehälters oberhalb des Rückleiters oder durch gegenseitige Steuerung beider (Pat. Schiff & Stern) vermieden werden.

Obgleich die Umsteuerung stets bei denselben Grenzlagen des Wasserspiegels erfolgt, ist die in einem Spiel geförderte Wassermenge nicht immer die gleiche, weil zusammen mit der Füllung des Rückspeisers das Kondensat des Arbeitsdampfes gefördert wird und von diesem um so mehr anfällt, je kälter das Speisewasser bzw. je höher der Druck des Arbeitsdampfes (je heißer er) ist. Deshalb ist die Ermittlung der gespeisten Wassermenge aus der Zahl der ausgeführten Spiele nur eine grobe Annäherung. So ergab ein Versuch[1] mit einem Rückspeiser bei einem Dampfdruck von

	14	10	6 at Üb.
eine Lieferung von	76	65	56 l/Hub.

Soll ohne Unterbrechung gespeist werden, so sind zwei Rückleiter und zwei Heber vorzusehen, die sich abwechselnd füllen und entleeren. Durch eine gemeinsame Steuerung (Pat. Schiff & Stern) können beide im Takt gehalten werden.

Wird Zusatzwasser nicht in den dem Heber vorgeschalteten Sammelbehälter geleitet, sondern durch eine eigene Pumpe gespeist, so dürfen beide Speiseleitungen erst unmittelbar vor dem Speisekopf zusammengeführt werden, weil andernfalls durch den größeren, für die Überwindung der Durchflußwiderstände zusätzlichen Pumpendruck der Rückspeiser druckseitig geschlossen bleiben würde und dadurch am Speisen nicht teilnehmen könnte.

Die Rückspeiser sind einfache und billige Speisevorrichtungen, die neben dem Vorteil des Betriebes mit Eigendampf noch die einfacher Bedienung, Entfalls der Stopfbüchsen und somit jeglicher Dampfschwadenbildung sowie Fehlens aller Schmierung besitzen. Da sie außerdem beliebig heiße Kondensate fördern können (im Gegensatz zum Injektor), sind sie für Betriebe, die bei großen Mengen von Heiz- und Kochdampf über solche verfügen, am Platze, zumal bei den dort meist gebräuchlichen Großwasserraumkesseln das unterbrochene Speisen weniger Bedeutung hat.

Rückspeiser gelten im Sinne der einschlägigen Bestimmungen als „Dampfgefäße“ und sind als solche den regelmäßigen Überprüfungen zu unterziehen.

III. Die Strahlpumpen.

1. Wirkungsweise und Grundlagen.

Strahlpumpen kommen durch Auftreffen einer Flüssigkeit von großer Geschwindigkeit auf eine zweite ruhende oder langsam strömende zur Wirkung, wobei die Teilchen der ersten ihre Geschwindigkeit durch Stoß auf die von ihnen getroffenen übertragen und beide mit einer aus

[1] Stein, Über Speisewasserförderung bei Dampfkesseln. Sparwirtschaft, Bd. 8, 1930, S. 419.

dem Impulssatz zu bestimmenden Geschwindigkeit gemeinsam weiterströmen. Da für diesen Impulssatz die Bewegungsgröße maßgebend ist, ist wegen der hohen Ausflußgeschwindigkeit nur eine geringe Menge Dampfes nötig. Eine ungehinderte Mitteilung dieser hohen Geschwindigkeit an das Wasser ist daher um so wichtiger und besonders beim Anlassen des Dampfstrahlapparates, wo das durch die sofortige Kondensation des Dampfes angesaugte Wasser noch nicht in geordneter Strömung

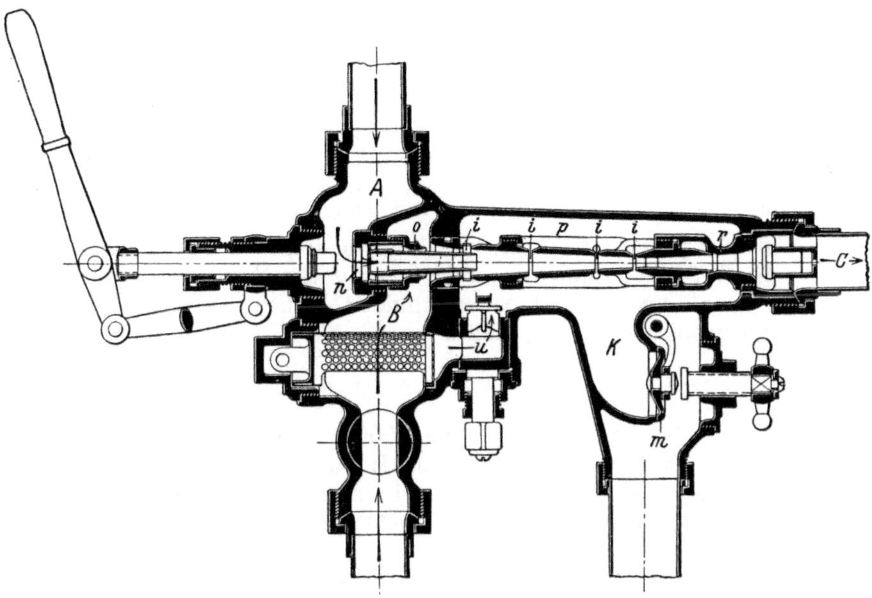

Abb. 22. Saugender Restarting-Injektor. Ausführung Alex. Friedmann, Wien. *A* Dampfraum, *B* Wasserraum, *K* Schlabberraum, *n* Zentraldampfdüse, *o* Ringdampfdüse, *p* Mischdüse, *r* Druckdüse, *C* Druckleitung, *i* Unterbrechungen der Mischdüse, *u* Nachsaugeventil, *m* Schlabberventil.

gefördert wird. Durch das von Giffard 1858 angegebene Schlabberventil, welches das beim Anlassen angesaugte Wasser und das Kondensat ungehindert austreten läßt, wurde der Injektor überhaupt erst gebrauchsfähig und es ist deshalb darin neben Dampf-, Misch- und Druck- (oder Fang-) Düse der vierte Hauptbestandteil des Injektors zu sehen (Abb. 22).

Die Theorie des Injektors wurde erstmalig von Grashof[1] behandelt. Eine alle Einflüsse berücksichtigende rechnerische Verfolgung seiner Wirkungsweise oder nur Übertragung von Versuchsergebnissen einer Ausführung auf eine andere ist nicht möglich.

[1] Grashof, Theoretische Maschinenlehre, 3. Bd., S. 476; neuerdings mitgeteilt in: Banki, Energie-Umwandlungen in Flüssigkeiten, S. 499, bei Springer, Berlin 1921.

Mit den Bezeichnungen

p_d ... Dampfdruck vor Eintritt in den Injektor,
i .... Wärmeinhalt des Dampfes vor Eintritt in den Injektor,
p_o.... Druck des Wassers vor Eintritt in den Injektor,
t_o .... Temperatur des Wassers daselbst,
w_1 ... Geschwindigkeit des Dampfes bei Austritt aus der Dampfdüse,
w_o' ... Geschwindigkeit des Wassers im Ringquerschnitt,
w .... Geschwindigkeit des Gemisches im engsten Querschnitt,
p_o' ... Druck beim Zusammentreffen von Wasser und Dampf,
t .... Temperatur der Mischung,
p .... Druck an der engsten Stelle,
γ .... Raumgewicht der Mischung an der engsten Stelle,
γ_w ... Raumgewicht des Wassers,
w_a ... Geschwindigkeit beim Austritt aus dem Injektor,
t_a .... Temperatur „ „ „ „ „ ,
p_k ... Gegendruck „ „ „ „ „ ,
m .... spezifische Förderleistung von 1 kg Dampf,

alle Größen bezogen auf kg, m, s, ^{0}C, gelten folgende Beziehungen:

1. die Wärmegleichung, und zwar unter Vernachlässigung der im Wärmemaß ausgedrückt verschwindend kleinen Geschwindigkeitshöhen und geodätischen Höhendifferenzen

$$i - t_a = m\,(t_a - t_o) + (1 + m)\,.\,A\,\frac{p_k - p}{\gamma_w} + S, \tag{21a}$$

d. h. die von 1 kg Dampf abgegebene Wärme findet sich wieder als Erwärmung des geförderten Wassers, als Hubarbeit für (1 + m) kg und als Strahlungsverlust S; dieser Verlust ist immer sehr klein, so daß der thermische Wirkungsgrad unter Berücksichtigung der Wasservorwärmung immer nahezu 1 ist.

2. Die Stoßgleichung, wenn w_o' als Zuströmgeschwindigkeit des Wassers vernachlässigt wird,

$$w_1 = (1 + \mathrm{m})\,.\,w. \tag{21b}$$

3. Die Diffusorgleichung (Diffusor oder Druckdüse)

$$\eta_D \cdot \left(\gamma\,\frac{w^2}{2g} - \gamma_w\,\frac{w_a^2}{2g}\right) = p_k - p, \tag{21c}$$

wo η_D den Diffusorwirkungsgrad[1] für die Umsetzung von Geschwindigkeit in Druck bedeutet. Die Unsicherheit in der Bestimmung des wirklichen Zustandes im engsten Querschnitt, wofür Bruchteile eines Prozentes noch nicht kondensierten Dampfes das spezifische Volumen und damit die Geschwindigkeiten um ein Vielfaches der Werte für Wasser allein verändern, macht die Vorausberechnung unmöglich. Da die Kondensation nur schrittweise vor sich geht, sind auch die Werte des Expansionsdruckes nicht eindeutig gegeben und p_o' kann sogar kleiner als der Druck p

[1] Schnaas-Elwert, Untersuchungen über den Arbeitsvorgang im verstellbaren Injektor System Stumpf. Doktor-Dissertation an der Technischen Hochschule Berlin 1929.

sein; im Ringraum ist ja noch nicht einmal die Mischung eine vollkommene. Damit ist die in zahlreichen Versuchen[1] gemachte Feststellung zu erklären, daß Ansaugen und Stoß zwei voneinander getrennte Vorgänge sind, was sich z. B. darin zeigt, daß eine Veränderung des Gegendruckes keinen Einfluß auf die Liefermenge hat, solange nur überhaupt gegen ihn gefördert werden kann.

Der dem Wirkungsgrad η_D entsprechende Arbeitsverlust setzt sich in Reibung um und bewirkt die Erwärmung von t auf t_a.

2. Der Restarting-Injektor.

Zufolge des Unterdruckes im Schlabberraum (Temperatur unter 100° C) kann das Schlabberventil als selbsttätiges Ventil ausgeführt werden und bleibt durch den äußeren Luftdruck geschlossen. Um beim Anlassen dem überschüssig angesaugten Wasser und dem Dampfkondensat den Austritt in den Schlabberraum zu ermöglichen, wird zwischen Misch- und Druckdüse eine Unterbrechung, der „Übersprung", vorgesehen. Um gegen vollen Förderdruck anfahren zu können, genügt dieser allein nicht; dazu werden mehrere Unterbrechungen (Abb. 22) oder Bohrungen in der Wandung der Mischdüse angebracht, oder die Mischdüse wird mit einer Klappe ausgerüstet (Abb. 23). Eine Störung im Arbeitsvorgang führt einen solchen Injektor mit sich selbsttätig öffnendem Schlabberventil und Öffnungen in der Mischdüse, der darnach „offener" Injektor genannt wird, nicht zum Versagen. Wird der Gegendruck zu groß, so daß die dem Ansaugezustand (Druck p_o') entsprechend zufließende Wassermenge nicht gefördert werden kann, bewirkt die Druckerhöhung Austreten angesaugten Wassers durch die Öffnungen der Mischdüse in den Schlabberraum und in weiterer Folge ein Öffnen des Schlabberventils; bei einem geschlossenen Injektor (handbetätigtem Schlabberventil) wird infolge des Rückstoßes der Dampf das Wasser in die Saugleitung zurückdrücken und der Injektor abschnappen. Geht der Gegendruck wieder auf seinen ursprünglichen Wert zurück, so kann der offene Injektor sofort wieder fördern, der Schlabberraumdruck fällt und das Schlabberventil schließt sich. Weil er nach vorübergegangener Störung selbst wieder die Tätigkeit aufnimmt, „wieder anspringt", wird er Restarting-Injektor genannt. Dasselbe tritt ein, wenn durch Zunahme des Zulaufdruckes plötzlich mehr Wasser angesaugt wird als gefördert werden kann; das überschüssige Wasser tritt einfach durch das Schlabberventil aus, der Injektor arbeitet ungestört weiter. Steigt die Temperatur im Schlabberraum über 100°, sei es, weil infolge zu starker Drosselung im Zulauf (Saugleitung) zu wenig Wasser in den Injektor gelangt, sei es, daß zufolge größeren Dampfdruckes oder zu weit geöffneter Dampfdüse mehr Dampf ausströmt, oder schließlich, weil das angesaugte Wasser zu warm ist, so wird ebenfalls der Schlabberraumdruck größer als der Atmosphärendruck und das Schlabberventil läßt wieder Wasser austreten. Da dadurch die Temperatur

[1] Schrauff, Untersuchungen über den Arbeitsvorgang im Injektor. VDI-Forschungs-H. 77, Berlin 1908.

noch weiter steigt, kann in diesem Fall allerdings auch der offene Injektor abschnappen.

Der Druck im Schlabberraum ist kein einheitlicher; dadurch entstehen Sekundärströmungen, die die Förderleistung herabsetzen. Der kleinere Druck am Anfang der Mischdüse, durch den vom Schlabberraum Wasser zurückgesaugt und in einen Kreislauf gebracht wird, kann aber auch nutzbar gemacht werden, indem dort ein weiteres mit der Saugleitung verbindendes Ventil angebracht wird, durch das gleichfalls Wasser angesaugt wird und das deshalb „Nachsaugeventil“ heißt; das durch dieses eintretende Wasser gelangt durch eine der Unterbrechungen in

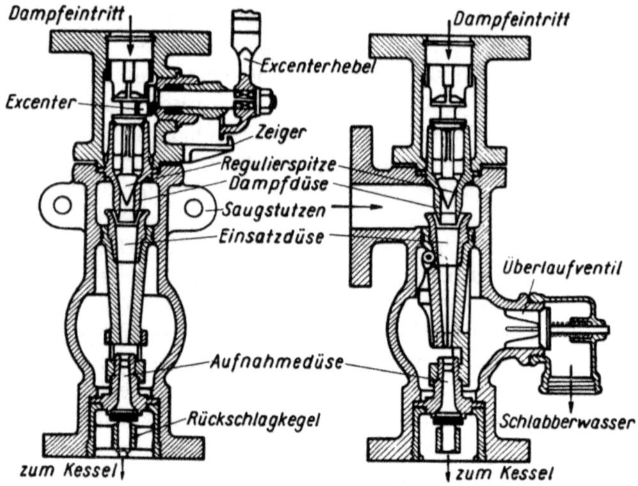

Abb. 23. Restarting-Injektor mit Klappdüse. Ausführung Schäffer & Budenberg, Magdeburg-Buckau und Wien.

die Mischdüse, womit die Liefermenge auf gleiche Dampfmenge bezogen bis um etwa 20% gesteigert wird. Durch die Anordnung einer die Hauptdampfdüse umgebenden Ringdüse wird dieser Injektor gewissermaßen zum Doppelinjektor, indem der Ringdampf das Ansaugen, der Zentraldampf das Fördern besorgt, ohne daß dazu innerhalb des Injektors eine ungünstige, seinen inneren Widerstand erhöhende Wasserführung notwendig wäre. Da beim Anlassen zuerst die Ringdüse geöffnet wird und die Hauptdüse durch die zapfenartige Verlängerung der Spindel geschlossen bleibt, strömt anfangs nur wenig Dampf aus, so daß das Anstellen erleichtert wird. Zwecks Verbesserung der Wasserführung in der Mischdüse können die Unterbrechungen als Schraubennut ausgeführt werden (Masch.-Fabr. Brunnbauer, Wien) oder wird die Klappdüse verwendet, die noch den Vorteil besitzt, daß sie das früher erwähnte Umpumpen von Wasser verhindert. Häufig findet man bei diesen Injektoren mit Klappdüse, daß durch Anfeilen des Schlabberventilsitzes absichtlich eine Undichtheit herbeigeführt wird. Da im Schlabberraum Unterdruck herrscht, wird durch diese von außen Luft angesaugt. Um diese Luftmenge entgegen dem Förderdruck zu fördern, ist eine gewisse Dampfmenge notwendig, so daß die spezifische Wasserlieferung geringer und die Wassererwärmung größer ausfällt.[1] Infolgedessen werden, nebst einer Verminderung der möglichen Förderhöhe, die Grenzwerte von Saughöhe und Ansaugetemperatur heruntergesetzt, abgesehen davon, daß das Luftsaugen für den Kessel selbst schädlich ist (vgl. S. 27). Deswegen sollte dieses Anfeilen unterbleiben. Hingegen darf der Schlabberauslauf unter Wasser gesetzt werden, so daß auch durch eine zufällige Undichtheit nicht Luft, sondern nur Wasser angesaugt wird. Ist die Ableitung vom Schlabberventil nicht lang und ausreichend weit, so ist der freie Schlabberablauf, wie er in der Regel als Bedingung für klagloses Arbeiten des Injektors gefordert wird, nicht behindert und auch das Anlassen wird dadurch in keiner Weise erschwert,[1] das Einstellen des Injektors unter Umständen jedoch erleichtert.

Gresham & Craven, Manchester, machen die Mischdüse in einer Hülse verschiebbar, so daß sie sich so wie die Klappdüse bei einer Störung öffnen kann. Irgendwelche Unterbrechungen sind dann nicht vorzusehen und es entfällt das Schlabberventil; der verschiebbare Teil der Mischdüse ist nur mit einer flanschartigen Verbreiterung versehen, dic in der Schlußstellung gegen den festen Teil der Mischdüse dem Schlabberventil vergleichbar abdichtet.

3. Aufstellung und Bedienung.

Die Unterscheidung in saugende und nichtsaugende Injektoren ist eine äußerliche, da auch beim nichtsaugenden das Wasser unter der Wirkung des durch die Dampfkondensation geschaffenen Unterdruckes zufließt. Nichtsaugende Injektoren werden in der Regel ohne Dampfregulierung ausgeführt, weil das schon vor Erzeugung des Unterdruckes zulaufende Wasser den bei Öffnen des Dampfabsperrventils austretenden Dampf zu kondensieren vermag. Für den nichtsaugenden Injektor sind höhere Wassertemperaturen möglich. Der saugende Injektor ist gegen undichte Stellen im Saugrohr sehr empfindlich; Lufteintritt vermindert die Liefermenge (s. oben), stört die Bildung des Unterdruckes und führt bei größerer Menge zum Versagen des Injektors.

Bei größerer Dampfnässe genügt eine kleinere Wassermenge zur vollständigen Kondensation, so daß der Injektor dann eher versagt; deshalb soll der Betriebsdampf möglichst trocken sein. Heißdampf gibt nur wenig größere Ausflußgeschwindigkeit, aber höhere Erwärmung des Speisewassers und würde also früher zum Versagen führen; deshalb wird nur Sattdampf für den Betrieb des Injektors verwendet.

Die Ursache für das Versagen kann darnach festgestellt werden, ob er noch saugt und nur nicht fördert (Austreten von Schlabberwasser), wo eine Verstopfung im Injektor selbst oder in der Speiseleitung vorliegen kann, oder zu wenig Dampf zutritt oder das Speisewasser zu warm

[1] Richter, Förderung von Luft in Dampfkessel beim Speisen mit Injektoren. Z. VDI, Bd. 55, 1911, S. 544 u. 596.

ist. Wenn er auch nicht saugt, sind die Widerstände in der Saugleitung zu groß (Verstopfung eines Saugkorbes — Fußventil darf nicht angebracht werden — oder der Saugleitung selbst) oder die Saughöhe ist zu groß oder der Ablauf am Schlabberventil ist behindert.

4. Regelung.

Die Größe der Liefermenge ist im wesentlichen durch den Ansaugezustand bestimmt und wird durch den Vorgang in der Druckdüse erst dann beeinflußt, wenn unter dem Druckunterschied $p_0 - p_0'$ die volle, gemäß der Stoßgleichung (21b) zu fördernde Wassermenge zufließt. Vorher hat eine Verringerung des Förderdrucks keine Wirkung auf die Liefermenge. Die Abhängigkeit von Dampfdruck und Ansaugedruck ist auch im allgemeinen dem in Abb. 24[1] dargestellten Fall ähnlich. Mit steigendem Dampfdruck nimmt die Liefermenge entsprechend der Stoßgleichung zu, jedoch nur solange, als der Druckunterschied $p_0 - p_0'$ die dafür erforderliche Geschwindigkeits- und Reibungshöhe liefern kann. Da mit wachsender Dampfmenge der durch die Kondensation bestimmte Druck p_0' ansteigt, wird ein Maximum erreicht, und zwar um so früher, je kleiner der Druck p_0 (je größer die Saughöhe) ist. Bei weiterer Zunahme des Dampfdruckes oder der Dampfmenge wird $p_0 - p_0'$ kleiner, so daß dann auch die Liefermenge abnimmt. Auch mit steigender Temperatur des angesaugten Wassers steigt der Druck p_0', weshalb damit gleichfalls eine Abnahme der Liefermenge verbunden ist. Eine Regelung in weiteren Grenzen für die Liefermenge ist nur durch Drosselung im Wasserzulauf möglich; im allgemeinen sind Verstellbereiche bis auf 50 bis 60% der vollen Liefermenge möglich. Die untere Grenze, die bei Ansteigen der Schlabberraumtemperatur auf 100° erreicht wird, kann durch Festhalten des Schlabberventiles noch erniedrigt werden. Die obere Grenze ist durch den Gegendruck bestimmt, über dem nach der Stoßgleichung nicht mehr die ganze, vom Injektor angesaugte Wassermenge gefördert werden könnte.

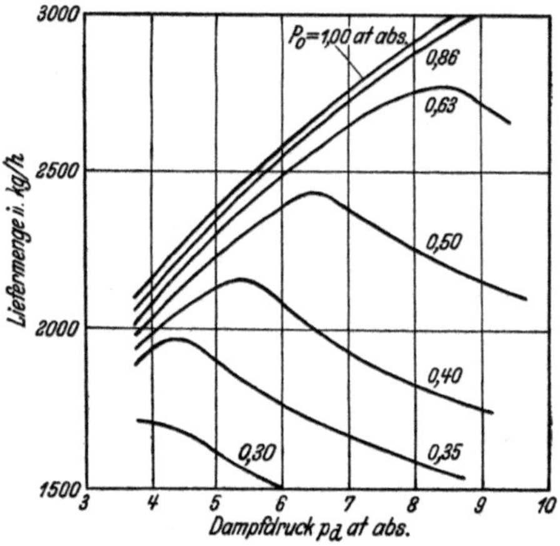

Abb. 24. Änderung der Liefermenge eines Injektors bei Änderung des Dampfdruckes p_D und des Ansaugedruckes p_0 nach Schrauff, VDI-Forsch.-H. 77.

Da die ausströmende Dampfmenge bei unveränderlicher Dampf-

[1] Mit freundlicher Bewilligung des VDI-Verlags G. m. b. H., Berlin, aus der Arbeit von Schrauff (vgl. Fußnote S. 53) entnommen.

düsenstellung ebenfalls unverändert bleibt,[1] nimmt bei Drosselung die spezifische Förderleistung ab. Schon bei voller Liefermenge beträgt der Dampfverbrauch etwa 8 bis 12% der gespeisten Wassermenge, d. h. mit 1 kg Dampf sind etwa m = 12,5—8,5 kg Wasser zu fördern. Gelangt auch die volle Wärme des Dampfes und sein Kondensat wieder in den Kessel, so widerspricht doch diese Art der Vorwärmung den Grundlagen wirtschaftlicher Betriebsführung (s. S. 49). Dagegen tritt der Nachteil geringerer Regelbarkeit zurück; so konnte z. B. die neue Konstruktion eines verstellbaren Injektors, bei dem außer dem Querschnitt der Dampfdüse auch der der Mischdüse einstellbar ist, keine weitere Verbreitung finden, obwohl damit Regelbereiche bis auf weniger als 20% zu erwarten waren.[2] Am Platz ist der Injektor dort, wo die Speisung mit Dampf durchgeführt werden und der Abdampf ölfrei sein soll, damit sein Kondensat ungehindert in den Kessel zurückgeleitet werden kann, und die Vorteile geringen Gewichts, einfacher Bedienung und rascher Betriebsbereitschaft Bedeutung haben. Neben der Ausrüstung von Lokomotiven gilt das aber auch für die Reserve-Speisevorrichtung, als welche er auch mit Rücksicht auf seine geringen Anschaffungskosten häufig und mit Recht verwendet wird; bei der seltenen Inbetriebnahme spielt der höhere Dampfverbrauch keine Rolle.

IV. Die Kreiselpumpen.[3]

1. Berechnungsgrundlagen.

a) Die Hauptgleichung. Rotiert ein zylindrisches Gefäß vom Halbmesser r um seine lotrechte Achse mit der Winkelgeschwindigkeit ω, so stellt sich der Spiegel des darin befindlichen Wassers nach einem Rotationsparaboloid[4] ein, dessen Basis am äußeren Umfang um die zur Umfangsgeschwindigkeit $u = r \cdot \omega$ gehörige Geschwindigkeitshöhe $\frac{u^2}{2\,g}$. höher als sein Scheitel in der Achse liegt. Kann am höchsten Punkt Wasser das Gefäß verlassen, so bewegt es sich mit der Geschwindigkeit u weiter, besitzt also auf 1 kg bezogen eine kinetische Energie von $\frac{u^2}{2\,g}$.

---

[1] Das die Dampfdüse umspülende Wasser führt ungefähr ebensoviel Wärme ab, als in der Düse dem Dampf durch Reibung zugeführt wird. Das austretende Dampfgewicht stimmt deshalb ziemlich genau mit dem für adiabatische Expansion berechneten überein, $G = 153 \,.\, \varphi\, F\, p_d^{0,97}$ kg/s, wo φ der Geschwindigkeitsbeiwert und F der kleinste Querschnitt der Dampfdüse ist; vgl. Hütte I., S. 556 der 26. Aufl.

[2] Vgl. Schnaas-Elwert, Fußnote S. 52.

[3] Die verschiedenen Bezeichnungen wie Schleuder-, Zentrifugal-, Turbo-, Turbinen-Pumpe sollen der einheitlichen Bezeichnung „Kreisel“-Pumpe Platz machen. Unter „Turbo-Pumpe“ sei nur die Kreiselpumpe mit Dampfturbinenantrieb verstanden.

[4] Die Ableitung hierfür folgt aus der Bedingung, daß der Wasserspiegel in jedem Punkt senkrecht auf die Resultierende aus Schwer- und Fliehkraft steht.

Zusammen mit der Hebearbeit wurde somit jedem Kilogramm eine Energie von

$$L_o = 2 \cdot \frac{u^2}{2\,g} = \frac{u^2}{g} \quad \text{kgm/kg} = \text{m WS.} \tag{22}$$

zugeführt. Wird die Geschwindigkeit selbst nicht weiter ausgenützt, so entspricht dieser einfachsten Kreiselpumpe, bezogen auf die reine Hebearbeit, ein Wirkungsgrad von ideell 50%. Deshalb ist es notwendig, die Geschwindigkeit beim Verlassen des Rades klein zu halten. Das wird durch Anordnung gekrümmter Schaufeln in dem nun Laufrad genannten Gefäß erreicht, wodurch auch die Strömungsverluste im Rad beschränkt werden. Die von einem solchen Rad (Abb. 25) aufgenommene Leistung und die mit ihm zu überwindende Förderhöhe können mit Hilfe des Flächensatzes bestimmt werden, der besagt, daß die Änderungsgeschwindigkeit des Moments der Bewegungsgröße, d. i. des Dralls, gleich dem Kraftmoment ist.[1] Im Beharrungszustand, für welchen das Antriebsmoment M und die Wassermenge Q unverändert bleiben, ändert sich der Drall B des im Zeitteilchen dt durch das Rad hindurchtretenden Wasserteilchens $dm = \frac{\gamma' Q}{g} \cdot dt$ um den Betrag

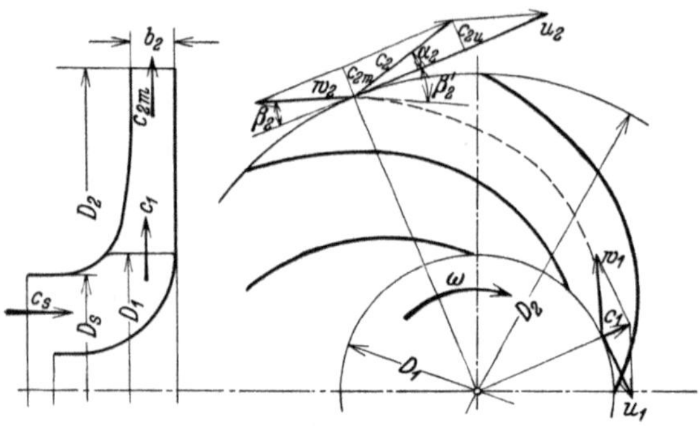

Abb. 25. Schema der Strömung durch das Rad einer Kreiselpumpe.

$$dB = dm \cdot (c_{2u} \cdot r_2 - c_{1u} \cdot r_1)$$

und nach dem Flächensatz wird das erforderliche treibende Moment

$$M = \frac{d\,B}{d\,t} = \frac{\gamma' \cdot Q}{g} \cdot (c_{2u} \cdot r_2 - c_{1u} \cdot r_1).$$

Wird die Leistung einmal aus der Beziehung $N = M \cdot \omega$, einmal aus der Druckhöhenzunahme zwischen Radein- und -austritt H_{th} nach G. (10) durch $\gamma' \cdot Q \cdot H_{th}$ ausgedrückt und $u_2 = r_2 \cdot \omega$ und $u_1 = r_1 \cdot \omega$ gesetzt, so folgt die Hauptgleichung

$$g \cdot H_{th} = u_2 \cdot c_{2u} - u_1 \cdot c_{1u}. \tag{23}$$

Das axial dem Rad zuströmende Wasser hat keine Geschwindigkeitskomponente in der Umfangrichtung und erhält im allgemeinen auch nach

[1] Dieser Satz als Verknüpfung des Trägheitsgesetzes mit dem Momentenbegriff führt diese Bezeichnung von seiner besonderen Aussage, daß bei Nullwerden des Kraftmomentes, wie z. B. für die Gravitationskraft, und folglich konstantem Drall der Fahrstrahl des bewegten Körpers in gleichen Zeiten gleiche Flächen überstreicht. Vgl. z. B. Hütte I., S. 281 u. 286 der 26. Aufl.

der Umlenkung von 90° für den Eintritt in das Rad eine solche nicht, d. h. $c_{1u} = 0$; damit wird aus Gl. (23):

$$g \cdot H_{th} = u_2 \cdot c_{2u}. \tag{23a}$$

b) Die Kennlinie. Mit w_2 als Mittelwert der Geschwindigkeit, mit der das Wasser aus den Schaufelkanälen austritt, wird die geförderte Wassermenge $Q = w_2 f_2 z$. Drückt man in (23a) die Umfangsgeschwindigkeit durch Drehzahl und Raddurchmesser aus und führt

$$c_{2u} = u_2 - w_2 \cdot \cos \beta_2$$

ein, wo β_2 der Winkel dieser über den Querschnitt gemittelten Geschwindigkeit gegen die Umfangsrichtung ist, so folgt

$$k_1 \cdot n^2 - k_2 \cdot Q \cdot n = H_{th}. \tag{24}$$

Für $Q = 0$ wird $H_{tho} = k_1 \cdot n^2 = \frac{u_2^2}{g}$ in Übereinstimmung mit Gl. (22). Gl. (24) stellt eine Gerade dar, die mit zunehmendem Q fällt, waagrecht verläuft oder ansteigt, je nachdem der Winkel β_2 kleiner, gleich oder größer als 90°, k_2 positiv, null oder negativ ist.

c) Wirkungsgrade. Von der durch das Rad bewirkten Druckerhöhung wird ein Teil durch die Strömungsverluste im Laufrad und in dem das Rad umgebenden Leitapparat (vgl. Abb. 31) aufgezehrt. Nutzbar bleibt eine kleinere Förderhöhe $H = \eta_h \cdot H_{th}$, wo η_h der hydraulische Wirkungsgrad ist. Die Strömungsverluste sind gemäß Gl. (4) und (5) durch Wandrauhigkeit und Zähigkeit, weiters durch Querschnitts- und Richtungsänderungen bedingt. Mit Abnahme der inneren Zähigkeit bei höherer Temperatur muß sich der hydraulische Wirkungsgrad verbessern, wofür angenähert die Gleichung gilt:[2]

$$\frac{1 - \eta_{h\,\text{kalt}}}{1 - \eta_{h\,\text{heiß}}} = \left(\frac{\nu_{\text{kalt}}}{\nu_{\text{heiß}}}\right)^{\alpha}, \tag{25}$$

wo nach Blasius[3] $\alpha = 0{,}25$, nach Fromm $\alpha = 0{,}27$ zu setzen ist. Hat man beispielsweise für Wasser von 10° C einen Gesamtwirkungsgrad von 70% gefunden, so kann der hydraulische Wirkungsgrad mit 85% angenommen werden. Mit dem S. 9 angegebenen Werten der Zähigkeit folgt für 100° aus Gl. (25) ein hydraulischer Wirkungsgrad von 90%. Da Gl. (25) auf dem für „glatte" Rohre geltenden Widerstandsgesetz beruht (bei Umrechnung auf höhere Zähigkeit, wo der Einfluß der Wandrauhigkeit zurücktritt, ohne Bedenken anzuwenden), kann sie bei Umrechnung auf geringere Zähigkeit wie hier nur eine Annäherung ergeben.

[1] Infolge der weit auseinanderstehenden Schaufeln werden nicht alle Wasserteilchen im gleichen Winkel geführt; w_2 ist ein geometrischer Mittelwert, dessen Winkel gegen die Umfangsrichtung kleiner als der des Laufschaufelendes ist.

[2] Grün, Das Verhalten von Kreiselpumpen bei Förderung sehr zäher Flüssigkeiten. Fördertechn. u. Frachtverk. 1932, S. 75.

[3] Vgl. z. B. Hütte I., S. 369 der 26. Aufl.

Mit besserem Wirkungsgrad muß auch die Nutzförderhöhe größer ausfallen. Dem scheinen Versuche an Heißwasserpumpen zu widersprechen,[1] nach welchen bei Temperaturen über 100° die Förderhöhe um 10 bis 14% kleiner wird als bei Kaltwasser. Diese Verminderung der Förderhöhe ist auf Luftgehalt im Speisewasser zurückzuführen, der sich bei hohen Temperaturen infolge der am Laufradeintritt bestehenden Druckerniedrigung ausscheidet und eine Verringerung des spezifischen Gewichts verursacht; die auf das größere spezifische Gewicht des nicht mit Luftblasen vermischten Wassers bezogene Förderhöhe fällt dadurch kleiner aus. Als allgemein und gesetzmäßig darf diese Erscheinung nicht angesehen werden.[2]

Ein sehr bedeutender Arbeitsverlust ergibt sich aus dem Widerstand des mit großer Geschwindigkeit rotierenden Rades im umgebenden Wasser (Radseitenreibung), der der 3. Potenz der Winkelgeschwindigkeit und der 5. Potenz des Durchmessers proportional ist. Ähnlicher Art ist die Reibung der die einzelnen Laufräder gegeneinander abstützenden Distanzbüchsen im Wasser. Zu den mechanischen Verlusten gehören Stopfbüchsen- und Lagerreibung. Schließlich treten Spaltverluste auf, die durch den volumetrischen Wirkungsgrad berücksichtigt werden. Eine Zusammenfassung aller Verluste ergibt den Gesamtwirkungsgrad im Sinne der Gl. (14).

Die Durchflußverluste ändern sich quadratisch mit der Liefermenge, vgl. Gl. (4); infolge nicht mehr richtiger Schaufelwinkel treten bei geänderter Liefermenge noch Stoßverluste auf. Die Radseitenreibung und die mechanischen Verluste bleiben dem Betrage nach gleich, wachsen also im Verhältnis zur Nutzleistung bei abnehmender Liefermenge. Durch das Zusammentreffen dieser Abhängigkeiten wird der Gesamtwirkungsgrad sowohl für größere als auch für kleinere Liefermengen schlechter als bei ihrem Nennwert. Er wird null für die vollständig abgesperrte Pumpe mit $Q = 0$ und Kraftbedarf von etwa 0,4 bis 0,5 jenes bei bestem Wirkungsgrad, und ebenso für die frei ausgießende Pumpe, d. i. mit $H = 0$, aber trotzdem noch größerem Kraftbedarf.

2. Grenzen der Förderhöhen.

Wird in Gl. (23a) c_{2u} prop. u_2 gesetzt, so ergibt sich für die Förderhöhe der abgekürzte Ausdruck

$$H = \text{const} \, . \, u_2^2, \tag{26}$$

oder weil für eine bestimmte Pumpe u_2 selbst der Drehzahl n proportional ist,

$$H = \text{const} \, . \, n^2. \tag{26a}$$

Größere Förderhöhen verlangen also große Durchmesser und hohe Drehzahlen. Mit beiden wächst aber auch die Liefermenge, die durch den Austrittsquerschnitt, d. i. bis auf die Verengung durch die Schaufeln

[1] Knörlein, Heißwasserförderung durch Turbokesselspeisepumpen. „Die Wärme", Bd. 49, 1926, S. 219.

[2] Elektrotechnik und Maschinenbau („E und M") 1932, H. 18.

durch den Zylindermantel $D_2 \pi b_2$, und die dazu senkrechte Geschwindigkeit c_{2m} (Abb. 25) gegeben ist. Mit dem Beiwert für die Verengung $\sigma < 1$ ist

$$Q = D_2 \pi b_2 c_{2m} \sigma. \tag{27}$$

Bei wachsendem Durchmesser müßte für gleichbleibende Liefermenge b_2 kleiner werden; diese Bedingung führt mit langen und niedrigen Rechtecken für die Querschnitte der Schaufelkanäle im Laufrad zu größeren Durchflußverlusten und folglich schlechterem hydraulischen Wirkungsgrad, mit Zunahme der Radseitenreibung bei gleichgebliebener Nutzleistung zu schlechterem Gesamtwirkungsgrad. Einer Steigerung der Förderhöhe durch Vergrößerung des Raddurchmessers ist somit bald eine Grenze gesetzt. Größere Förderhöhen werden durch Mehrstufenanordnung erreicht, bei der das Wasser hintereinander mehrere gleich gebaute Pumpenräder durchströmt und die Gesamtförderhöhe sich mit der Zahl der Stufen vervielfacht. Doch läßt sich auch die Stufenzahl nicht beliebig vermehren. Mit der Liefermenge ist in engem Bereich der Durchmesser am Radeintritt D_s und im Verhältnis dazu der größtmögliche Wellendurchmesser bestimmt. Eine Vermehrung der Stufenzahl erhöht im selben Verhältnis die Antriebsleistung und bei gleicher Drehzahl auch die Verdrehungsbeanspruchung. Mit dem Auseinanderrücken der Lager kommt die Drehzahl der kleiner werdenden kritischen Drehzahl immer näher. Nun wurden zwar Versuche gemacht, Kreiselpumpen überkritisch laufen zu lassen,[1] verschiedene Umstände führen aber dazu, sie besser nur unter der kritischen Drehzahl zu betreiben: der dämpfende Einfluß des Wassers, die versteifende Wirkung der Laufradnaben[2] und der Distanzbüchsen, die Stufenbüchsen, die zwar nicht als Lager zur Wirkung kommen sollen, aber bei stärkerer Durchbiegung doch tragen, rücken die kritische Drehzahl nach oben. Da diese Einflüsse weder rechnerisch noch auf Grund von Versuchswerten genau zu erfassen sind, könnte eine als überkritisch berechnete Drehzahl gerade in den kritischen Bereich fallen, wogegen bei unterkritischem Betrieb die genannten Einflüsse durchwegs die Sicherheit erhöhen. Im gleichen Sinn macht sich die Drehzahlverstellung geltend, die zwecks wirtschaftlicher Beherrschung von Teillasten von der der Höchstlast entsprechenden Drehzahl nach unten vorgenommen wird.

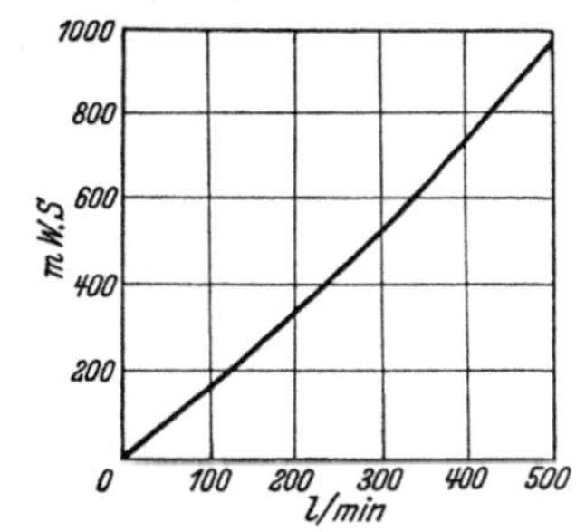

Abb. 26. Größte mit Kreiselpumpen zu erreichende Förderhöhen in Abhängigkeit von der Nenn-Liefermenge.

Mit Erhöhung der Drehzahl wächst die Förderhöhe wohl quadratisch,

---

[1] Kissinger, „Die Wärme“, Bd. 54, 1931, H. 10.

[2] Eck, Versteifender Einfluß der Turbinenscheiben auf die Durchbiegung des Läufers. Z. VDI, Bd. 72, 1928, S. 51.

aber auch die Liefermenge wächst, wenn auch nur linear; denn nach Gl. (27) kann geschrieben werden:

$$Q = \text{const} . n. \tag{27a}$$

Deshalb sind besonders große Förderhöhen bei sehr kleinen Liefermengen überhaupt nicht zu erreichen; die in einer Pumpe zu bewältigenden Grenzwerte sind aus Abb. 26 zu entnehmen (vgl. S. 72). Durch die Hintereinanderschaltung zweier getrennter Pumpen — etwa mit gemeinsamem Motor zwischen ihnen — wäre die Überwindung noch größerer Drücke möglich; diese Anordnung, die die Zahl der Lager und der Stopfbüchsen verdoppelt und damit die Betriebssicherheit vermindert, auch großen Platzbedarf hat, ist nur als äußerstes Hilfsmittel anzuwenden.

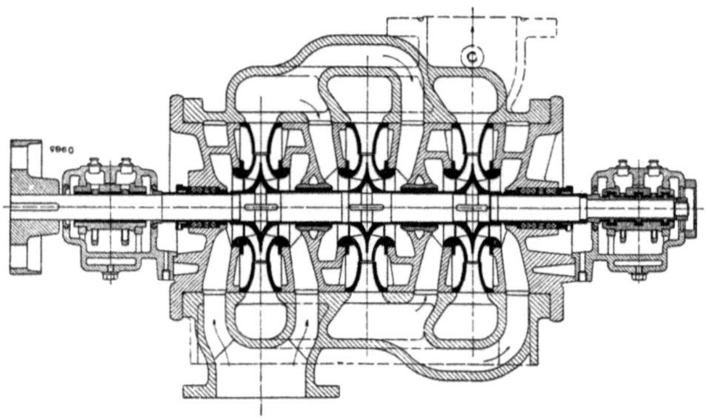

Abb. 27. Dreistufige Kreiselpumpe mit Doppelstromrädern für große Liefermengen, mit selbsttätigem Ausgleich des Axialschubes. Ausführung Escher-Wyss, Zürich und Ravensburg.

Von der Begrenzung der Wellenlänge durch die kritische Drehzahl wird man durch ihre Unterteilung innerhalb der Pumpe nach je einer bestimmten Stufenzahl unabhängig (Pat. Vogel, Stockerau), wobei die einzelnen Wellenstücke durch Hülsen, die in vom Wasser durchspülten Lagerbüchsen laufen, gekuppelt werden. Doch widerspricht diese Konstruktion wie alle Ausführungen mit Innenlagern der Bedingung, aus Gründen der Betriebssicherheit nur Lager mit verläßlicher Schmierung und ständiger Überwachungsmöglichkeit zu verwenden.

Für große Förderhöhen sind vor allem große Drehzahlen zu wählen. Mit steigenden Geschwindigkeiten werden nicht nur die Verlustbeiwerte kleiner, vgl. Gl. (5), womit der hydraulische Wirkungsgrad besser wird, sondern die mechanischen Verluste in den Stopfbüchsen und Lagern wachsen nur mit dem Quadrat der Geschwindigkeit, wogegen die hydraulische Leistung, wie sich aus Verbindung der Gl. (26a) und (27a) ergibt, und die Radseitenreibung mit deren 3. Potenz ansteigen:

$$N = \text{const} . n^3, \tag{28}$$

die mechanischen Verluste fallen also bei höheren Drehzahlen weniger ins Gewicht und die Antriebsleistung nimmt langsamer als mit der 3. Potenz der Drehzahl zu.

Erst wenn die Erhöhung der Drehzahl, der durch die Motoren gewisse Grenzen auferlegt sind, für die verlangte Förderhöhe nicht ausreicht, wird zu größeren Stufenzahlen gegriffen. Eine Vergrößerung des äußeren Raddurchmessers über den 2,5- bis 3fachen Innendurchmesser ist überhaupt abzulehnen.

Eine Beschränkung der Liefermenge wegen zu kleiner Förderhöhe kommt bei Speisepumpen nicht vor, obgleich auch hier bei großen Liefermengen Räder mit doppelseitigem Einlauf Verwendung finden (Abb. 27), womit die Hälfte der Radseitenreibung vermieden und der Wirkungsgrad entsprechend verbessert wird; oder die Saugleitung wird vor der Pumpe geteilt (Doppelstrompumpe), die einzelnen Stufen bis auf die letzte erhalten einfache Räder (Abb. 28) und der Druckstutzen kommt in die Mitte, so daß die druckseitige Stopfbüchse vermieden wird und beide Stopfbüchsen nur gegen den Zulaufdruck zu dichten haben.

3. Bauteile und Werkstoffe.

a) Das Gehäuse wird in neueren Ausführungen meist nach achsensenkrechten Ebenen geteilt. Solche erfordern im Gegensatz zur waagrechten Teilung, die wohl die Innenteile bequemer zugänglich macht, nur Dreharbeit und sichern daher auf einfache Weise gutes Passen jedes Laufrades und Leitrades zum zugehörigen Stufenmantel; auch werden Wärmedehnungen gleichmäßig aufgenommen. Bei sehr hohen Drücken kann ein einteiliges Gehäuse in Frage kommen (Abb. 29). Die einzelnen Stufenmäntel (Gehäuseringe) werden durch Anker zusammengehalten, die durch sie durchgezogen sind (Abb. 31) oder sie von außen zusammenhalten (Abb. 36). Die Pumpe wird außen gewöhnlich mit einem Stahlblechmantel verkleidet (Abb. 28 und 36), der Zwischenraum bei Heißwasserförderung oft auch mit Wärmeschutzstoff ausgefüllt (Abb. 36). Gewöhnlich werden die Pumpen mit Füßen, die an den Lagerkörpern oder am ersten und letzten Stufenmantel angegossen sind, aufgestellt. Bei hohen Speisewassertemperaturen ist Aufhängung des Gehäuses in der waagrechten Mittelebene nötig, damit unabhängig von der jeweiligen Temperatur Pumpen- und Motormittel stets in gleiche Höhe fallen. In der Längsrichtung muß ein Nachgeben bei Wärmedehnungen möglich sein, weshalb der der Kupplung abgewendete Fuß eine Gleitfläche erhält.

Als Baustoff wird für das Gehäuse in der Regel Gußeisen verwendet. Bei höheren Beanspruchungen kommt Perlitguß und nur bei sehr großen Abmessungen, hohen Drücken und Temperaturen Stahlguß in Frage.

b) Im Lauf- und Leitrad sind die Wassergeschwindigkeiten hoch, daher ist dort sorgfältigste Oberflächenbearbeitung zur Verringerung der hydraulischen Verluste wichtig. Die Leitapparate werden aus diesem Grunde häufig offen, d. h. nur mit einer Seitenwand ausgeführt (Abb. 28), die Laufräder zweiteilig, die Nabe mit Laufradboden und Schaufeln als der eine Teil, der äußere Kranz als der zweite, gefertigt. Bei Wahl des Baustoffes ist nicht nur auf die starke mechanische Einwirkung zufolge der großen Wassergeschwindigkeiten zu achten, sondern auch darauf, daß diese durch chemische Wirkungen unterstützt wird (Alkalität des Speisewassers zum Schutz gegen Kesselkorrosion, ausgedrückt durch die „Natronzahl"). Einfacher Rotguß, auch Bronze genügen dann nicht mehr, gute Erfolge ergeben Nickelbronzen und Monelmetall. Bei sehr hohen Drehzahlen bzw. Umfangsgeschwindigkeiten ist Werkstoff hoher Festigkeit

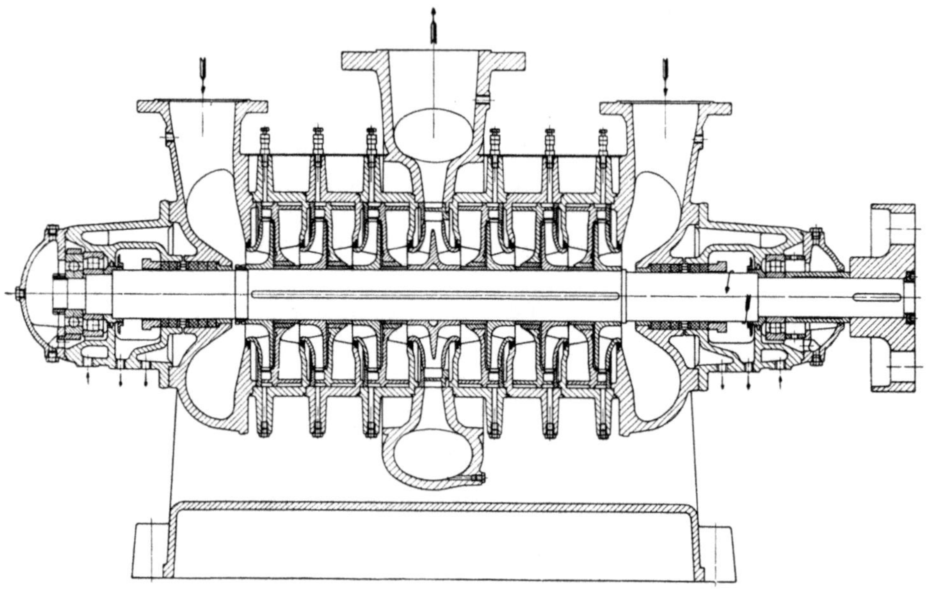

Abb. 28. Vierstufige Doppelstrompumpe ohne Druckstopfbüchse, mit selbsttätigem Ausgleich des Axialschubes. Ausführung der Spezialfabrik moderner Pumpen Ernst Vogel, Stockerau b. Wien.

zu verwenden; dann werden die Laufräder nicht gegossen, sondern aus einem vollen Stahlstück durch Fräsen hergestellt. Jedenfalls liegen für die Wahl des Werkstoffes bereits ausreichende Erfahrungen vor, so daß der an den Laufrädern zu erwartende „Verschleiß nur die Betriebskosten erhöht, aber nicht die Betriebssicherheit gefährdet".[1] Wird ein Nachlassen der Liefermenge bzw. eine Zunahme des Kraftbedarfes bemerkt, so ist das meist das Zeichen dafür, daß die Laufräder auszutauschen sind.

Zur Verringerung des Spaltverlustes erhalten die Laufräder an der Saugöffnung Dichtungs- (Schleif-)ringe und laufen die, zwei aufeinander folgende Laufräder abstützenden Distanzbüchsen mit knappem Spalt in den feststehenden Stufenbüchsen.

c) Der am äußeren Radumfang herrschende „Spaltüberdruck", der

[1] Marguerre, Erfahrungen mit Höchstdruckanlagen. Z. Bayer. Rev. Ver., Bd. 35, 1931, S. 160.

bis auf den im Leitrad aus der Geschwindigkeit gewonnenen Druckanteil der Förderhöhe des Rades gleich ist, bewirkt wegen der saugseitig um den Eintrittsquerschnitt kleineren Fläche einen gegen die Saugseite gerichteten Axialschub. Zur Entlastung der Lager von diesem dienen:

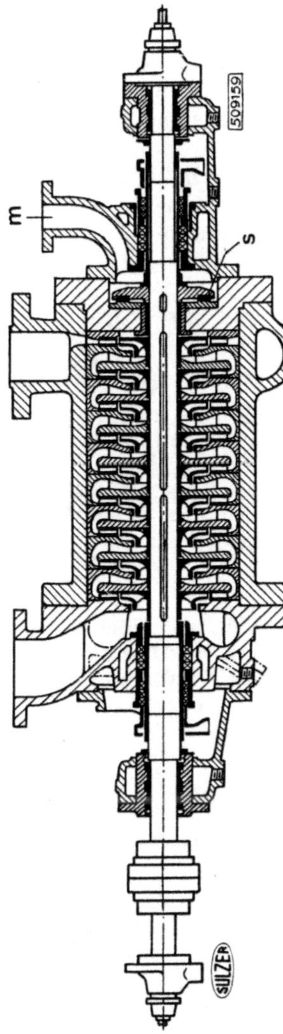

Abb. 29. Höchstdruckpumpe mit ungeteiltem Gehäuse. Ausführung Gebr. Sulzer A.-G., Winterthur und Ludwigshafen. *s* Entlastungsscheibe, *m* Ableitung des Entlastungswassers zum Speisewasserbehälter.

1. Ausgleichslöcher im Laufradboden und Dichtungsringe an beiden Radseitenflächen, die in beiden Richtungen gleiche, mit gleichen Drücken belastete Flächen ergeben. Der Ausgleich ist nicht vollständig, insbesondere bei ungleicher Abnützung der beiden Dichtungsringe tritt ein Schub auf; die Welle ist durch ein Längslager festzuhalten (vgl. Abb. 38).

2. Laufräder mit gegenseitigem Einlauf, deren Axialschub theoretisch null ist. Davon wird Gebrauch gemacht bei Pumpen, die wegen großer Liefermengen doppelseitigen Einlauf erhalten (Abb. 27 und 28). Aber auch hintereinander geschaltete Räder können je zu zweit gegenläufig angeordnet werden, wenn im umschließenden Gehäuse Kanäle von einer Stufe zur nächsten führen (Abb. 30, Pat. Escher-Wyss). Wegen unvermeidlicher Unsymmetrie der Ausführung bleibt ein Axialschub übrig, weshalb ein Längslager notwendig ist.

3. Dem nach der Saugseite gerichteten Schub wird durch den teilweise gedrosselten Gesamtförderdruck auf eine am druckseitigen Pumpenende angebrachte Entlastungsscheibe Gleichgewicht gehalten (Abb. 31). Wesentlich für Ausführungen mit solcher ist die Selbsteinstellung der Welle, also Fehlen des Längslagers. Der Raum außerhalb der Scheibe wird mit dem Saugstutzen oder mit dem Speisewasserbehälter verbunden, dort herrscht somit Zulaufdruck. Ein der Scheibe vorgeschalteter Radialspalt drosselt den hinter dem letzten Laufrad vorhandenen Druck so weit ab, daß er den Axialschub aufhebt. Die Größe des auf die Scheibe wirkenden Druckes hängt wesentlich von der abfließenden Spaltwassermenge und mit dieser von der axialen Weite des Spaltes an der Scheibe ab. Wächst diese infolge Abnützung, so daß mehr Wasser abfließt, so

nimmt der Druckabfall in dem langen Radialspalt zu, der Druck auf die Scheibe wird kleiner und der nun überwiegende Axialschub der Pumpe verschiebt den Läufer gegen die Saugseite, und zwar so lange, bis der dadurch verengte Spalt die Spaltwassermenge verringert und den Druck auf die Scheibe so weit erhöht hat, daß sich neu Gleichgewicht einstellt. Das Zusammenwirken der beiden Spalte ist also für die Wirkung der Entlastungsscheibe grundlegend; in allen Ausführungen sind beide zu erkennen (Abb. 29, 36 und 39). Im Spalt der Entlastungsscheibe herrschen sehr hohe Geschwindigkeiten, unter welchen die Spaltflächen starken Korrosionen ausgesetzt sind; sie sollen deshalb auswechselbar eingerichtet und aus widerstandsfähigem Baustoff hergestellt werden.

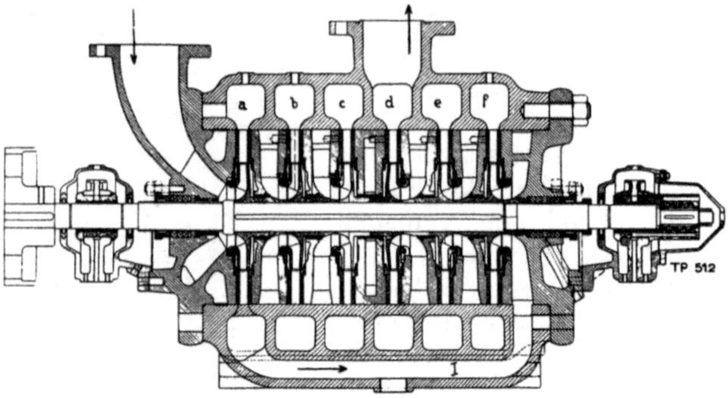

Abb. 30. Höchstdruckpumpe mit gegenläufigen Rädern und Umführungskanälen im Gehäuse zwecks Ausgleichs des Axialschubes und Vermeidung der Druckstopfbüchse (Pat. Escher-Wyss, Zürich und Ravensburg).

Zwar ist auch noch bei Abnützung der Betrieb möglich, wenn nur die Verschiebung nicht so groß ist, daß die Laufräder streifen; doch schon vorher wird die Liefermenge gedrosselt, wenn Lauf- und Leiträder nicht mehr richtig gegenüberstehen. Solche Nachteile vermeidet die Ausführungsform nach Pat. Weise Söhne (Abb. 32), indem der der Entlastungsscheibe vorgeschaltete Spalt als kombinierter Axial- und Radialspalt, der an ihrem äußeren Umfang als Radialspalt mit Labyrinth ausgeführt wird. Dieses Labyrinth hält immer die Ausflußmenge klein, verringert mit der Geschwindigkeit die Abnützung, verhütet aber auch eine starke Zunahme der Spaltwassermenge bei etwaiger Abnützung und vermeidet so, daß eine größere Axialverschiebung notwendig wird. Diese wird weiters noch dadurch ermäßigt, daß eine Verschiebung gegen die Saugleitung zwecks Verengung des Labyrinthspaltes gleichzeitig den dem Radialspalt vorgeschalteten Axialspalt erweitert, also seine Drosselwirkung vermindert und dadurch den auf die Entlastungsscheibe wirkenden Druck erhöht; dadurch genügt eine geringfügige Verschiebung zur Wiederherstellung des Gleichgewichts.

d) Die Lager. Die Belastung der Querlager ist im wesentlichen durch das Gewicht des Pumpenläufers gegeben. Eine zusätzliche Belastung tritt auf, wenn Lauf- oder Leiträder nicht völlig zentrisch symmetrisch, d. h. die einzelnen Kanäle nicht vollkommen gleich sind; auch die Ausbildung des Druckgehäuses als Spirale kommt in dieser Art zur Wirkung. Freie Massenkräfte sind durch sorgfältiges Auswuchten vollständig zu vermeiden.

Mit Rücksicht auf die hohen Zapfengeschwindigkeiten und geringen Belastungen werden vielfach Wälzlager verwendet. Dank der genauen Normung ihrer Einbautoleranzen ist man sicher, die Belastungsfähigkeit des Lagers wirklich ausnützen zu können. Auch wird dem Wälzlager

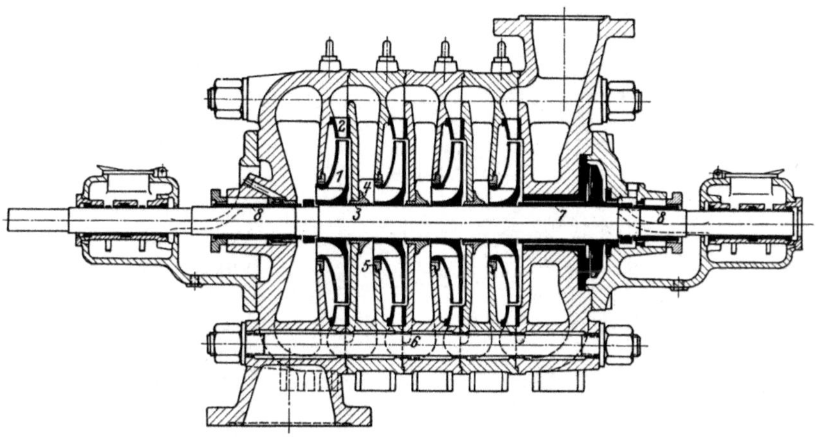

Abb. 31. Hochdruckkreiselpumpe mit senkrecht geteiltem Gehäuse (Ringtype). Ausführung C. H. Jaeger & Co., Leipzig-Plagwitz. *1* Laufrad, *2* Leitrad (Leitapparat), *3* Distanzbüchse, *4* Stufenbüchse, *5* Dichtungsring, *6* Gehäuseanker, *7* Entlastungsscheibe, *8* Wellenschutzrohr in den Stopfbüchsen.

gegenüber dem Gleitlager der Vorteil zugeschrieben, daß es spiel- und damit erschütterungsfreien Lauf der Welle ermöglicht, wogegen ein Gleitlager zur Erhaltung des Ölfilms ein Lagerspiel erforderte, das Schwingungen der Welle zur Folge hätte und dauerndes Dichthalten der Stopfbüchsen beeinträchtigte. Beispielsweise ergibt sich für einen Zapfen von 45 mm im Gleitlager bei leichtem Laufsitz[1] ein Spiel von 68 bis 80 μ, während ein Kugellager dafür bei 120 mm Durchmesser des Außenringes und „schwimmendem" Einbau[2] nur ein Spiel von 25 bis 47 μ, d. i. rund die Hälfte, aufweist. Doch besitzt trotz dem größeren Spiel im Gleitlager die im Schmiermittel schwimmende Welle eine stabile Gleichgewichtslage, in der sie vollkommen ruhig läuft.[3] Der Ölfilm wirkt stoßdämpfend,

[1] Gramenz, Die DIN-Passungen und ihre Anwendungen. DIN-Buch 4, S. 104 der 2. Aufl., im Beuth-Verlag, Berlin 1925.

[2] Behr, Kugel- und Rollenlager, S. 30ff. Springer, Berlin 1927.

[3] Hummel, Kritische Drehzahlen als Folge der Nachgiebigkeit des Schmiermittels im Lager. VDI-Forschungs-H. 287, im Auszug mitgeteilt in Z. VDI, Bd. 71, 1927, S. 379. — Versuche (Freudenreich, BBC-Mitteilungen

wodurch das Gleitlager sogar weicheren und geräuschloseren Lauf ergibt. Dagegen sind Wälzlager, insbesondere Kugellager gegen pulsierende Beanspruchung empfindlich; Pulsationen sind aber mit jeder Wasserströmung verbunden und entstehen in der Kreiselpumpe u. a. dadurch, daß die Laufradquerschnitte abwechselnd den freien Querschnitten und den Kanalwänden des Leitrades gegenüberstehen.

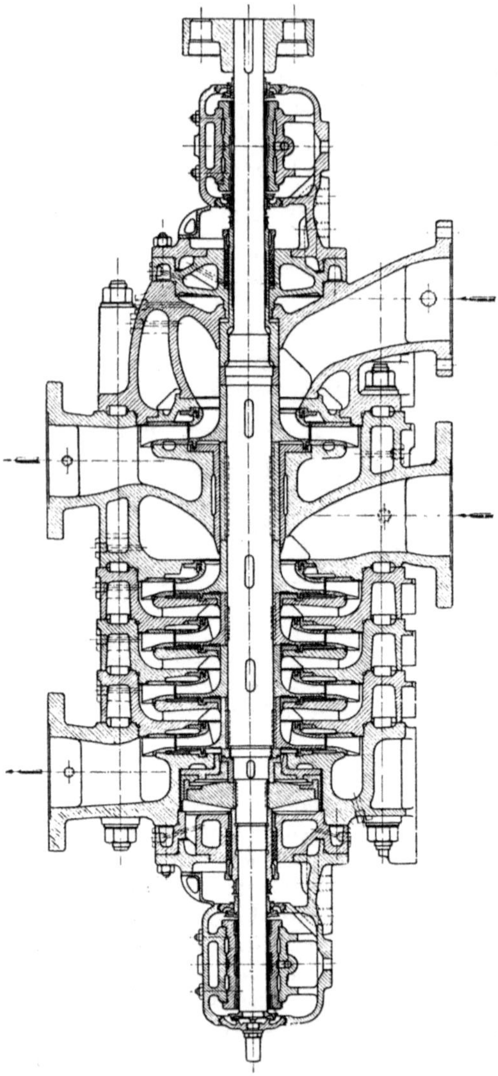

Abb. 32. Vereinigte Vorwärme- und Speisepumpe. Ausführung Weise Söhne, Halle a. d. S., mit gekühlten Stopfbüchsen (DRP), Entlastungsscheibe mit Labyrinthspalt (DRP) und Druckölschmierung der Lager.

Auch wegen der einfach zu bewerkstelligenden Aufnahme eines Axialschubes wurden Kugellager bevorzugt. Dabei ist festzuhalten, daß bei Verwendung von Kugellagern für Längslager auch die Querlager als Wälzlager auszubilden sind; sonst gerät bei einer Abnützung des Gleitquerlagers der Drucklagerlaufring aus dem Mittel und eine solche Abweichung geringsten Betrages verringert die Tragfähigkeit in hohem Maß. Bei höheren Drehzahlen bzw. Umfangsgeschwindigkeiten des Kugelkäfigs bewirken die an den einzelnen Kugeln eines gewöhnlichen Längslagers auftretenden Fliehkräfte ein Klemmen zwischen den Laufringen. Dann kommen Hochschulter-(Radiax-) Lager in Betracht, die bei geringen Belastungen gleichzeitig als Längslager

1927, H. 1—4) haben ergeben, daß bei zu klein gehaltenem Lagerspiel die stärksten Vibrationen auftreten und nur bei einem bestimmten größeren Lagerspiel die Welle vibrationsfrei läuft (vgl. Falz, Lagerspiele für hohe Drehzahlen. Schw. Bauztg., Bd. 103, 1934, H. 16, S. 183).

und Querlager dienen, bei höheren Belastungen allein als Längslager einzubauen sind, derart, daß eine Übertragung von Querkräften auf sie nicht möglich ist (Abb. 28, ganz links, und Abb. 38). Für sehr große Belastungen reichen Hochschulterlager nicht mehr aus. Dann können in Verbindung mit Gleitlager-Querlagern nur Kammlager (Abb. 27 und 30) oder Einscheiben-Drucklager (Segmentlager) nach Michell oder Kingsbury[1] Verwendung finden.

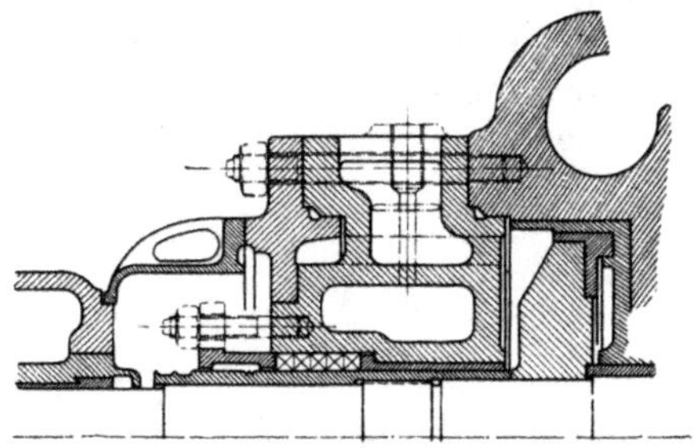

Abb. 33. Gekühlte und entlastete druckseitige Stopfbüchse. Ausführung Weise Söhne, Halle a. d. S. (DRP), mit langem Drosselspalt an der Grundbüchse und Trennung des gekühlten Stopfbüchsengehäuses vom Pumpengehäuse durch einen Luftraum.

Wälzlager haben den großen Vorzug, daß sie leicht ausgewechselt und erneuert werden können. Auch sind sie ohne bedeutende Kosten auf Vorrat zu halten.

Gleitlager werden in der Regel mit Ringschmierung ausgerüstet. Da die Ringe langsamer als die Wellen umlaufen, ist auch bei hohen Drehzahlen diese Schmierung vollkommen betriebssicher. Nur sehr große Ausführungen erhalten Druckölschmierung (Abb. 32).

e) Heißwasser-Stopfbüchsen. Für störungsfreien Betrieb ist ein dauerndes Dichthalten der Stopfbüchsen ausschlaggebend, besonders wenn Speisewasser von 100⁰ oder mehr zu fördern ist und die geringste Undichtheit zu lästigen Dampfschwaden Anlaß gibt. Wegen der durch

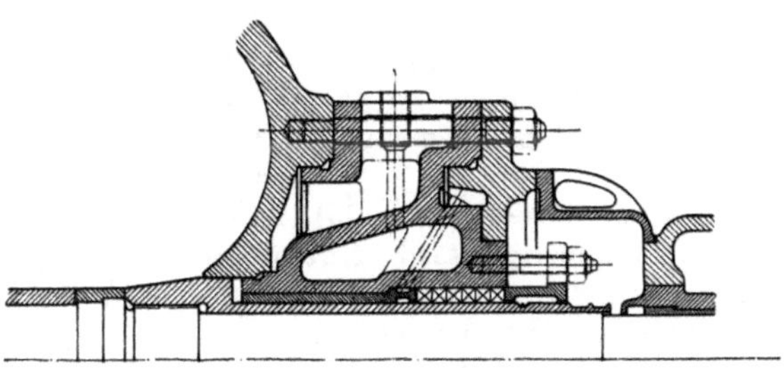

Abb. 34. Gekühlte saugseitige Stopfbüchse, sonst wie in Abb. 33. Ausführung Weise Söhne, Halle a. d. S.

die Welle aus dem Förderwasser zugeleiteten Wärme ist für ausreichende Wärmeabfuhr durch eine eigene Kühlung zu sorgen. Sonst verliert die Stopfbüchsenpackung in kürzester Zeit die Dichtungsfähigkeit und auch Metallpackungen, die für Kolbenstangen in Frage kommen, für Wellen aber überhaupt nicht zu empfehlen sind, versagen dann. Um die Wirkung

[1] Escher-Wyss-Pumpe für die Ilse-Bergbau-A. G., vgl. Grün, Kesselspeise-Kreiselpumpen. Sparwirtschaft, Bd. 10, 1932, S. 393, Bild 5.

des Kühlwassers ausgiebig zu gestalten, erhält die Grundbüchse große Länge und geringes radiales Spiel gegen die Welle. Das in dünner Schicht und infolge der Drosselwirkung mit geringer Geschwindigkeit hindurchtretende Leckwasser findet so genügend Zeit zur Abkühlung (Abb. 33, 34 und 37). Um eine Wärmeübertragung vom Gehäuse her zu unterbinden bzw. die Kühlung nicht auf das in der Pumpe befindliche Wasser zu erstrecken, bilden Klein, Schanzlin & Becker[1] und Weise Söhne zwischen Kühlraum und Heißwasserraum der Pumpe einen Luftraum aus (DRP) (in Abb. 37 zwischen „e" und „a"), der auch mit Wärmeschutzstoff ausgefüllt werden kann. Um die Wärmeleitung durch den Baustoff möglichst zu beschränken, wird die Außenwand des Stopfbüchsengehäuses durch einzelne Stützflächen ersetzt (Abb. 33 und 34).

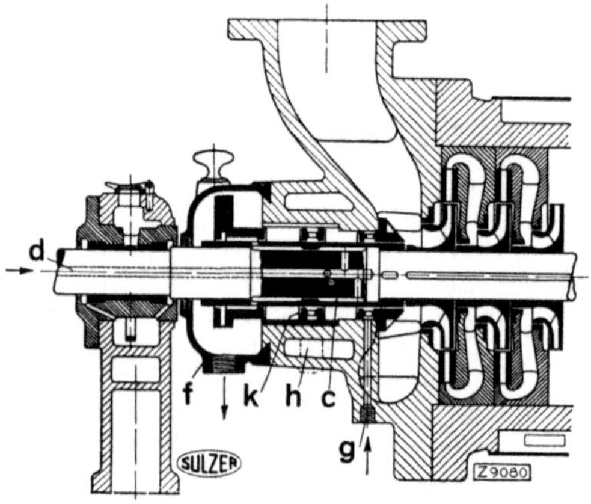

Abb. 35. Heißwasser-Stopfbüchse. Ausführung Gebr. Sulzer A.-G., Winterthur und Ludwigshafen. Mit Innenkühlung (Pat.). *d* Zuführung des Kühlwassers, *c* rotierender Kühlraum, *f* Wasserfänger und Ableitung, *g* Sperrwasserzufluß (zwecks Vermeidung des Luftsaugens bei Saugstopfbüchsen), *h* Kühlwasserzuleitung falls bei *d* nicht möglich.

Eine Kühlung der Stopfbüchse beschränkt zugleich ihre Wärmedehnung; die durch Wärmeleitung aus dem Pumpeninnern auf hoher Temperatur verbleibende Welle dehnt sich aus, wodurch es zu höherer Pressung gegen die Packung und verstärkter Stopfbüchsenreibung kommt. Dies vermeidet die Ausführung von Gebr. Sulzer (Pat.) durch Kühlung der Welle von innen (Abb. 35), indem das Kühlwasser durch eine Wellenbohrung zugeleitet wird. Nur wenn diese Wasserzuführung nicht möglich ist, wie z. B. am Kupplungsende der Welle, ist noch eine gewöhnliche Kühlung von außen möglich.

Für Stopfbüchsen auf der Saugseite kann das Kühlwasser zugleich als Sperrwasser benützt werden (Abb. 28 und 38); bei Pumpen mit Zulauf wird es dann ein wenig unter den Zulaufdruck des Speisewassers gedrosselt.

Druckstopfbüchsen sollen überhaupt vermieden werden. Zwanglos geschieht dies durch Anordnung einer Entlastungsscheibe, hinter der im wesentlichen der Druck des Zulaufbehälters oder Saugstutzens herrscht. Durch Anordnung des Kühlraums vor der Entlastungsscheibe (Pat. Weise Söhne) erhält man eine nicht nur entlastete, sondern auch voll-

[1] Weyland, Kesselspeise-Kreiselpumpen für Hochdruck-Dampfanlagen. Z. VDI, Bd. 72, 1928, S. 317.

kommen gekühlte Stopfbüchse[1] und vermeidet die Gefahr von Dampfbildung im Drosselspalt der Entlastungsscheibe und die daraus folgenden Korrosionen. Die Druckstopfbüchse entfällt auch bei Anordnung gegenläufiger Räder mit Umführungskanälen (Abb. 30), durch Teilung der Wassermenge vor der Pumpe und Ausführung zweier Saugstutzen (Abb. 28), schließlich durch fliegende Anordnung der Räder auf der Druckseite ohne Innenlager (Abb. 38) oder durch druckseitige Innenlager (vgl. S. 62).

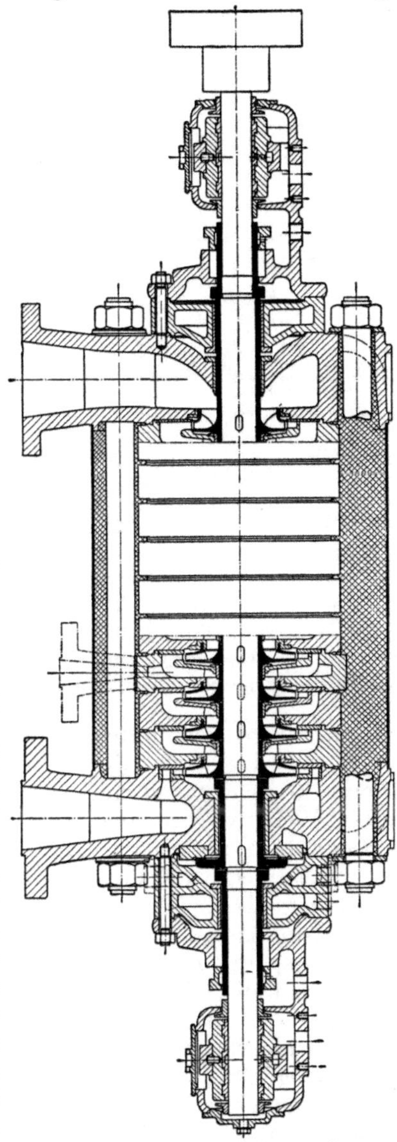

Abb. 36. Höchstdruckpumpe. Ausführung Klein, Schanzlin & Becker A.-G., Frankenthal (Pfalz). Mit Kondensateinführung nach der 7. Stufe aus einem Zwischenüberhitzer.

Aber selbst bei Entfall der Druckstopfbüchse ist der Kühlung und zweckentsprechenden Abdichtung Aufmerksamkeit zuzuwenden, da auch auf der Zulaufseite hohe Drücke neben hohen Temperaturen vorkommen können. So ist beispielsweise bei Vorwärmung auf 150° ein Zulaufdruck von rund 5 at Üb. notwendig; die Speisepumpen im Kraftwerk Mannheim[2] (Abb. 36) arbeiten unter einem Zulaufdruck von 18,5 at Üb. Die Temperatur des Kühlwassers darf nicht zu tief liegen, damit Wärmespannungen vermieden werden; kaltes Wasser von 10 bis 20° ist nur bei Speisewasser unter 100° zu verwenden, darüber ist auch das Kühlwasser entsprechend wärmer zu wählen.

Alle Vorkehrungen, die eine Entlastung und Kühlung der Stopfbüchse (oder gar Vermeidung einzelner Stopfbüchsen) bezwecken, bedingen größere Lagerentfernung und damit bei gleichbleibendem Wellendurchmesser Verringerung der kritischen Drehzahl (besonders stark

[1] Knörlein, Turbo-Kesselspeisepumpen höherer Leistung. „Die Wärme", Bd. 51, 1928, H. 40 u. 41.

[2] Marguerre, Die 100-at-Anlage des Großkraftwerks Mannheim. Z. VDI, Bd. 73, 1929, S. 994.

wird diese durch die fliegende Anordnung, Abb. 38, heruntergedrückt). Deshalb hat die Beherrschung hoher Temperaturen eine Verminderung der Grenzwerte für die in einer Pumpe erreichbaren Förderhöhen (Abb. 26) zur Folge.

Als Stopfbüchsenpackung wird Baumwolle oder Asbest[1] mit Ölgraphitschmiere verwendet. Eine Wasserkühlung gelangt in der Regel schon von etwa 70° Speisewassertemperatur an zur Anwendung; ab 100° ist sie unbedingt erforderlich. Richtig ausgeführte Stopfbüchsen dichten mit geringem Packungsdruck; trotzdem soll die Welle in der Stopfbüchse ein Schutzrohr erhalten, was zwar die Ausführung etwas verteuert, jedoch die Erneuerung bedeutend billiger und einfacher gestaltet.

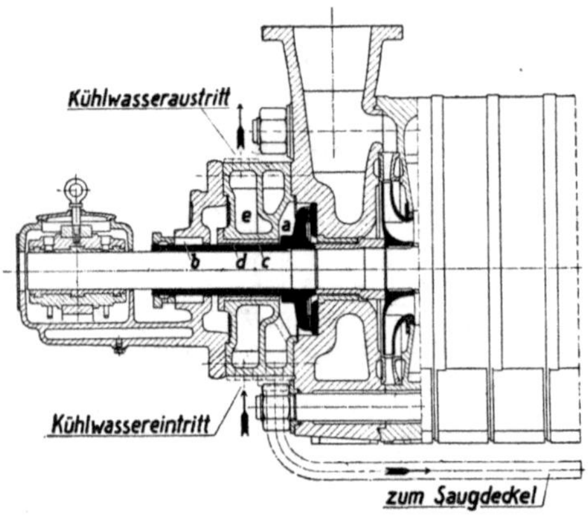

Abb. 37. Heißwasser-Stopfbüchse. Ausführung Klein, Schanzlin & Becker A.-G., Frankenthal. *a* Entlastungsraum, *e* Kühlwasserraum, *c* langer Drosselspalt.

4. Mehrdruckpumpen.

Bei Verwendung von Kreiselpumpen kann die nach Schema Abb. 2 getrennte Vorwärmepumpe P_v mit der Speisepumpe P_k zusammengebaut werden. Hinter der Stufe, wo der Druck p_v erstmalig überschritten wird, wird durch einen Anzapfstutzen das Wasser abgeführt und durch einen Rücklaufstutzen der nächsten Stufe (d. i. die erste Speisestufe), die von der vorangehenden durch eine Zwischenwand getrennt ist, wieder zugeleitet (Abb. 32). Auf diese Weise werden zwei Lager erspart und ist nur eine Heißwasserstopfbüchse notwendig. Außer in jenen Fällen, wo ein Rauchgasvorwärmer nicht auf den vollen Kesseldruck beansprucht werden darf, kommen dieser ähnliche Ausführungen mit mehreren Druck- bzw. Zulaufstutzen auch zur Verwendung, wenn Kessel verschiedener Spannung zu speisen oder Speisewässer von verschiedenen Drücken und Temperaturen unter Vermeidung von Wärme- und Arbeitsverlusten zu erfassen sind. Z. B. kann Kondensat aus einem Zwischenüberhitzer hinter der Stufe, wo sein Sättigungsdruck bereits überschritten ist, in die Pumpe eingeführt werden (Abb. 36), ohne daß es auf die Temperatur des Speisewassers abzukühlen und auf seinen Druck zu entspannen wäre.

In allen Fällen der Zwischenerwärmung oder Kondensateinführung kann — besonders wenn die Pumpe mit kleiner Teilliefermenge arbeitet — die Temperatur des Entlastungswassers höher als die zum Zulaufdruck gehörige Sättigungstemperatur sein. Um Verdampfung im Zulaufstutzen

[1] Diegmann, a. a. O.

zu vermeiden, muß es in einen Behälter (Mischvorwärmer) gleichen oder kleineren Druckes geführt werden, wo die Dampfbildung ohne Schaden vor sich gehen kann. Oder es wird durch Mischung mit noch nicht vorgewärmtem Wasser so weit gekühlt (Abb. 39, DRP), daß es unter dem Zulaufdruck nicht verdampft und in den Saugstutzen geleitet werden kann.

5. Die Saughöhe.

Mit der gleichmäßigen Förderung der Kreiselpumpe behält der Druckverlust durch Widerstände in der Zulaufleitung ständig gleichen Wert, so daß die manometrische Saug- bzw. Zulaufhöhe ohne Weit-

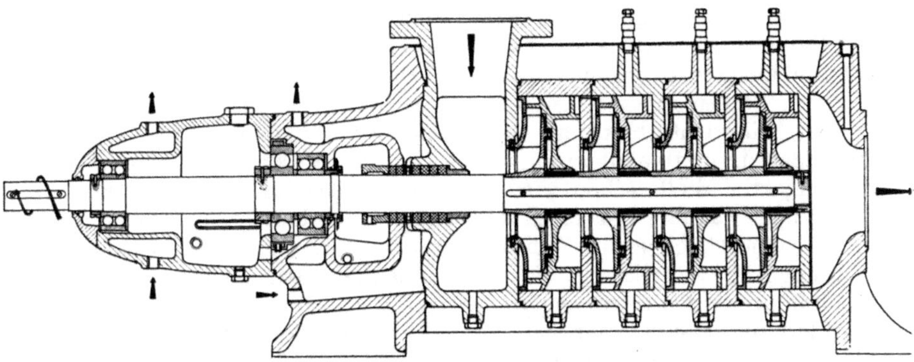

Abb. 38. Hochdruckpumpe ohne Druckstopfbüchse und ohne Innenlager, Entlastung durch Ausgleichslöcher, Dichtungsringe in verschiedenen Durchmessern zum Ausgleich des Axialschubs auf die Wellenstirnfläche (Pat. Vogel, Stockerau b. Wien), Radiax-Längslager. Das zufließende Kühlwasser wird unter dem Zulaufdruck des Speisewassers gedrosselt, die richtige Einstellung ist an geringer Erwärmung des abfließenden Wassers kenntlich (vgl. auch Abb. 28).

läufigkeiten festliegt: der geodätischen Saughöhe ist die Widerstandshöhe zuzuzählen, von der geodätischen Zulaufhöhe ist sie abzuziehen. Auch ist demnach für die Deckung von Beschleunigungshöhen in der Saugleitung im normalen Betrieb kein Abzug von der Saughöhe notwendig. Hingegen darf infolge von Drucksenkungen in der Pumpe selbst auch bei Kreiselpumpen die manometrische Saughöhe nicht an die Grenzwerte der Tabelle 5 herankommen. Solche Drucksenkungen sind mit der Arbeitsweise der Kreiselpumpe verknüpft und bis zu einem gewissen Grad unvermeidbar. Die Arbeitsübertragung von den Schaufeln an das Wasser erfordert einen Druckunterschied zwischen Schaufelvorder- und -rückseite; am Anfang des Schaufelrückens besteht daher gegen den Zulauf ein Unterdruck, der um so größer ist, 1. je größer die Förderhöhe des Rades, 2. je größer unter sonst gleichen Umständen die Liefermenge, d. i. die absolute Einströmgeschwindigkeit, 3. je kleiner die Drehzahl und 4. je kleiner die gesamte Schaufelfläche, also auch die Schaufelzahl ist.[1] Eine

[1] Diese vier Einflüsse ergeben sich aus der Beziehung, daß dieser Druck-

weitere Drucksenkung kommt durch Krümmung der Strömung unmittelbar vor Radeintritt durch Fliehkraftwirkung zustande. Außerdem wirkt die endliche Schaufelstärke beim Auftreffen des Wassers auf den Schaufelkopf geschwindigkeitserhöhend und somit druckvermindernd. Um große Saughöhen zu erreichen, darf das erste Laufrad nur für kleine Förderhöhe bemessen werden und sind reichliche Einströmquerschnitte vorzusehen. Der Einfluß der Krümmung wird unterdrückt, wenn die Schaufeln des Rades bis in den axialen Einlauf (Abb. 32) vorgezogen werden, vgl. auch die Abb. 36 und 39, in welchen auch der kleinere Raddurchmesser (kleinere Förderhöhe!), die größere Schaufelbreite und die sanfte Krümmung am Laufrad der ersten Stufe zu erkennen sind.

Wird die zulässige Saughöhe überschritten, so fällt der Druck unter den Dampfdruck und die Strömung reißt ab. Es kann aber auch geschehen, daß der kleinste Druck und damit die Dampfbildung an örtlich eng begrenzten Stellen schon innerhalb des Schaufelbereiches auftritt, so daß mit ihr keine Unterbrechung der Strömung verbunden ist, weil die entstehenden Dampfblasen rasch weiter getragen werden; herrscht an der benachbarten Stelle schon wieder höherer Druck, so stürzen sie in sich zusammen, was mit starken Erschütterungen verbunden ist. Gleichzeitig nehmen Liefermenge und Wirkungsgrad ab und durch die hämmernde Wirkung der plötzlich in sich zusammenfallenden Dampfblasen oder Hohlräume werden Anfressungen bewirkt, die in wenigen Betriebsstunden ein Rad unbrauchbar machen können. Wegen des maßgebenden Einflusses der Hohlräume wird die Gesamtheit dieser Erscheinungen unter der Bezeichnung Kavitation zusammengefaßt. Durch Versuche mit Glas, Beton und vielen anderen Baustoffen[1] ist erwiesen, daß Anfressungen dieser Art im wesentlichen auf mechanische Ursachen zurückzuführen sind und ihnen durch Wahl besonderen Baustoffes allein nicht beizukommen ist. Wohl werden sie durch chemische Einflüsse unterstützt und eine Verminderung ist durch widerstandsfähigeren Baustoff möglich. Zu vermeiden sind sie aber nur durch Beschränkung der Saughöhe bzw. genügend große Zulaufhöhe. Bei heißem Wasser ist dafür ein größerer Zuschlag nötig (Abb. 40), wie auch mit Rücksicht auf den steileren Verlauf der Sättigungskurve bei höheren Temperaturen[2] der Sicherheitszuschlag größer zu wählen ist.

Bei Temperaturen von 100^0 oder mehr muß das Speisewasser in geschlossenen Behältern unter Dampfpolster gesammelt werden. Dort herrscht immer der Sättigungsdruck, weil jede Temperaturänderung von der entsprechenden Druckänderung begleitet ist, indem bei steigender Temperatur Wasser verdampft und bei fallender Dampf kondensiert.

---

unterschied das Antriebsmoment M nach der Gleichung $N = M \cdot \omega$ übertragen muß. Vgl. Pfleiderer, Kreiselpumpen, S. 241 der 2. Aufl., bei Springer, Berlin 1932, und Z. VDI, Bd. 76, 1932, S. 157.

[1] Föttinger in „Hydraulische Probleme", S. 34. VDI-Verlag, Berlin 1926. Ackeret und Haller, Zur Frage der Kavitationsanfressungen. Forschung, Bd. 2, 1931, S. 343.

[2] Vgl. Fußnote 2 auf S. 33.

Der für die Überwindung der Widerstände in der Zulaufleitung und für die Deckung des dynamischen Druckfalls an der Pumpe erforderliche Überdruck über Dampfdruck kann deshalb nur durch eine geodätische Zulaufhöhe bewirkt werden. Da eine Kreiselpumpe stillgesetzt und neu entlüftet werden muß, wenn durch Zufall Dampf in die Pumpe gelangt, ist hier bei Bemessung dieser Zulaufhöhen eine besondere Sicherheit notwendig und sind auch die Verhältnisse in der Speisewasserzuleitung zum Sammelbehälter wie auch in seinem Dampfanschluß zu untersuchen (vgl. S. 126). Denn wenn auch in dem geschlossenen Behälter jede Zustandsänderung längs der oberen Grenzkurve (Sättigungskurve) verläuft,

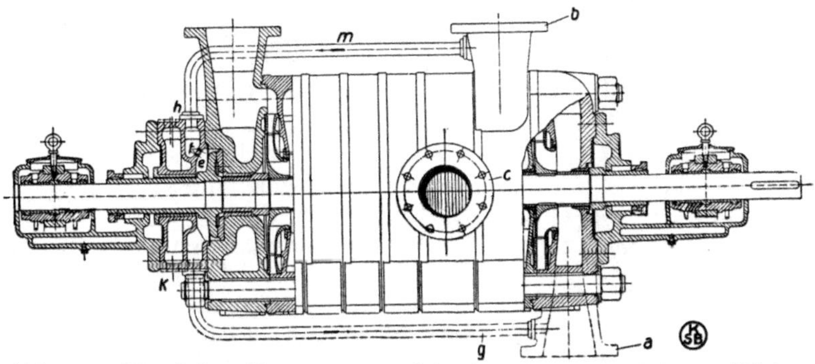

Abb. 39. Vereinigte Vorwärme- und Speisepumpe. Ausführung Klein, Schanzlin & Becker A.-G. Mit Kühlung des Entlastungswassers durch nicht vorgewärmtes Speisewasser über Leitung *m* (DRP) und Rückleitung des Entlastungswassers zum Saugbehälter durch Leitung *g*.

so gilt dies nicht mehr für eine Zulaufleitung größerer Länge. Während sich nämlich eine Druckänderung im Sammelbehälter nahezu unvermittelt (nämlich mit der Schallgeschwindigkeit *a*, vgl. Tabelle 9) dem ganzen Rohrinhalt mitteilt, kann dieser noch mit der zum ungeänderten Druck gehörigen Sättigungstemperatur weiterströmen. Bei einer Drucksenkung müßte dann am Pumpeneintritt (d. i. nämlich der Ort kleinsten Druckes) Dampfbildung erfolgen und die Pumpe abschnappen, wenn nicht auch diese mögliche Drucksenkung durch eine entsprechend bemessene Zulaufhöhe ausgeglichen ist.

In vielen Fällen hat sich gezeigt, daß ein mit Rücksicht auf solche Druck- und Temperaturschwankungen[1] gewählter Sicherheitszuschlag allein nicht genügt, um den Betrieb störungsfrei zu erhalten. Die Zulaufhöhe ist um einen weiteren Anteil zu vermehren, der sich aus einer dynamischen Drucksenkung ergibt, welche durch plötzliches Öffnen[2]

[1] Sind der besonderen Veranlagung von Speisewasserzuleitung und Dampfanschluß entsprechend die Temperaturschwankungen als die primären anzusehen, dann sind diesen nach der Dampftafel die zugehörigen Druckschwankungen zuzuordnen und in m WS. umzurechnen.

[2] Grün, Die Zulaufhöhe für Kesselspeispumpen. Z. Öst. Ing. u. Arch. Ver., Bd. 84, 1932, S. 23, und Arch. Wärmewirtschaft, Bd. 13, 1932, S. 80.

eines Speisereglerventils verursacht werden kann. Die kurze Öffnungszeit selbsttätiger Speiseregler wird unter Umständen auch für den ganzen Regelbereich voll ausgenützt. Insbesondere kann das eintreten, wenn bei bedeutender Lastzunahme der Wasserspiegel im Kessel durch Dampfblasenbildung zuerst ansteigt, wodurch der Regler schließt (vgl. S. 104) und er darauf von nahezu ganz geschlossener Stellung bis auf die der neuen, hohen Belastung entsprechende Stellung öffnen muß. Versuche an Hochleistungskesseln mit Staubfeuerung haben dies bestätigt.[1] Z. B. findet sich eine Zunahme der Speisung einmal von rund 90% der Vollast binnen 15 sk,[2] wobei noch zu beachten ist, daß im Diagramm die Öffnungskurve nicht geradlinig, sondern der mittlere Teil steiler als der Durchschnitt verläuft und somit auf 100% Laständerung gerechnet eine Öffnungszeit von etwa 10 sk oder weniger ergibt. Ein anderer Versuch[3] zeigt senkrechtes Ansteigen der Speiselinie von 5 bis rund 30%; d. h. die Eröffnung geht so rasch vor sich, daß sie bei dem gewählten Zeitmaßstab gar nicht mehr zum Ausdruck gebracht werden konnte. Wenn derart kurze Öffnungszeiten auch nur ausnahmsweise auftreten, sind sie doch zu berücksichtigen und ist die Rechnung mit der kleinsten Zeit, in der der Regler das Speiseventil zu öffnen imstande ist, durchzuführen. Für die Zunahme der Liefermenge in dieser Zeit ist auch in der Zulaufleitung eine Beschleunigung notwendig, die durch eine Drucksenkung an der Pumpe bewirkt wird. Diese Drucksenkung ist nun um so größer, je größer der Überschuß des Pumpendruckes H_0 bei der Lieferung $Q = 0$ über die statische Förderhöhe (Kesseldruck), je länger die Zulaufleitung, je kürzer die Druckleitung und je kürzer die Öffnungszeit ist. Nach einer Näherungsformel[4] ist sie gegeben durch

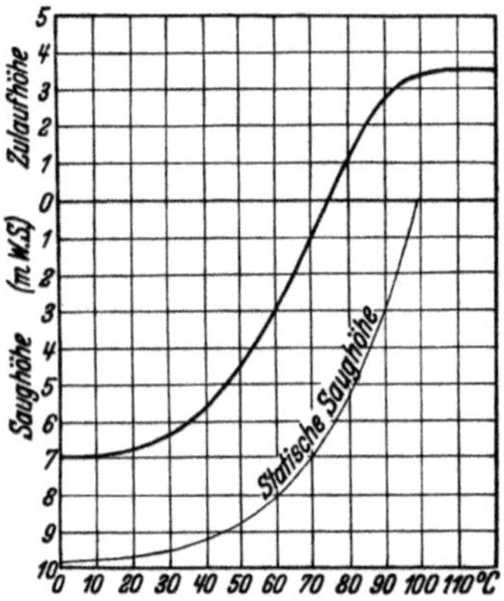

Abb. 40. Manometrische Saughöhen und Zulaufhöhen für Kreiselpumpen. Die Kurve der statischen Saughöhen gibt die Grenzwerte nach Tabelle 5 wieder.

$$h = \frac{3}{2} \cdot \frac{L_s \cdot v_s}{g \cdot T}, \tag{29}$$

wo L_s die Länge der Zulaufleitung, v_s die Geschwindigkeit bei größter Liefermenge, g die Schwerebeschleunigung und T die Öffnungszeit des Speisereglers, bezogen auf 100% Laständerung, alle Größen in m und sk ausgedrückt, bedeuten. Um diesen Betrag ist die geodätische Zulaufhöhe noch zu vergrößern.

[1] Rosin, Rammler und Stimmel, Elastizitätsversuche an Braunkohlen-Staubkesseln. „Die Wärme“, Bd. 54, 1931, H. 15, 16 u. 18.

[2] Versuch d, Abb. 5, S. 285 des in Fußnote 1 genannten Berichtes.

[3] Ebenda, Abb. 15a.

[4] Vgl. Fußnote 2, S. 75.

6. Die Regelung.

a) Die Pumpenkennlinie. Das Verhalten der Kreiselpumpe bei Änderung einer der drei für ihren Betrieb maßgebenden Größen H, Q und n ist durch Gl. (24) ausgedrückt. Da sich mit der Liefermenge Q auch der hydraulische Wirkungsgrad ändert, sind die Pumpenkennlinien (auch Drosselkurve oder Charakteristik genannt) im wirklichen Betrieb keine Geraden, sondern krumme Linien; doch ist das Verhalten der Pumpe in wesentlichen Punkten trotzdem aus dieser Gleichung zu entnehmen. Ausführungen mit $\beta_2' > 90^0$, deren Kennlinie mit zunehmender Liefermenge ansteigt, sind nicht verwendbar: Bei kleinem Betrag der Widerstandshöhe im Verhältnis zum Kesseldruck würde für eine solche Pumpe die Förderhöhe H_0 für $Q = 0$ kleiner als die statische Förderhöhe ausfallen; vor Aufnahme der Lieferung bei Inbetriebsetzung wäre also der von der Pumpe entwickelte Druck kleiner als der auf dem Rückschlagventil lastende und die Pumpe könnte es entgegen dem größeren Druck gar nicht öffnen und die Lieferung nicht beginnen. Um überhaupt fördern zu können, müßte sie vielmehr ohne oder mit stark verringertem Gegendruck angelassen werden. Aber auch dann wäre sie nicht brauchbar. Denkt man die Pumpe, um das elastische Verhalten der Rohrleitung deutlich zu machen, über einen zwischengeschalteten Windkessel arbeiten, so ist zu erkennen, daß für eine Pumpe mit steigender Kennlinie das einmal gestörte Gleichgewicht zwischen Liefermenge und Verbrauch bzw. zwischen erzeugtem Druck und Gegendruck nicht wiederhergestellt wird. Denn bei ihr entspricht einer Verminderung des Gegendruckes, der eine Zunahme der abfließenden Wassermenge bewirkt, eine Abnahme der Liefermenge, so daß sich Liefermenge und Verbrauch in ihren Werten immer weiter voneinander entfernen. Bei Abnahme der Drehzahl wird die Lieferung größer als der Verbrauch, was sich druckerhöhend auswirkt und somit weiter die Lieferung erhöht, also ebenfalls die Werte von Liefermenge und Verbrauch auseinanderrückt. Umgekehrt wirken Erhöhung des Gegendruckes oder Zunahme der Drehzahl, gleichfalls ein neues Gleichgewicht verhindernd.

Eine mit zunehmender Liefermenge fallende Kennlinie zeigt an, daß die Pumpe nach einer Störung von selbst ein neues Gleichgewicht erreicht: bei Verminderung des Gegendruckes steigt die Liefermenge, jedoch nur so lange, bis sie dem gleichzeitig größer gewordenen Abfluß wieder gleich ist; entsprechend bei Zunahme der Drehzahl. Das Gleichgewicht zwischen Liefermenge und Verbrauch bzw. zwischen erzeugtem Druck und Gegendruck ist bei einer solchen Pumpe also stabil und damit wird eine für zunehmende Liefermengen fallende, für abnehmende Liefermengen steigende Kennlinie selbst als stabil bezeichnet. Um diesen Verlauf über den ganzen Liefermengenbereich zu sichern, reicht die Bedingung $\beta_2' < 90^0$ allein nicht aus. Vielmehr ist auch dann noch ein Höchstwert der Förderhöhe H_{max} und ein Abfallen der Kennlinie gegen $Q = 0$ möglich (Abb. 41). Bei Überschreitung dieses Druckes hört die Pumpe zu fördern auf, sie verhält sich dann wie bei abgesperrtem Druckstutzen (Punkt C, Druck H_0 für $Q = 0$). Geht nun der Druck in der Leitung zurück, so kann sie nur mit der zum gleichen Druck gehörigen Liefermenge Q_b die Förderung wieder aufnehmen. Ist diese größer als der Verbrauch, so steigt der Druck wieder an, bis bei $H_{\max}$ die Pumpe neuerlich abschnappt und sich der Vorgang wiederholt. Die Unterbrechung der Förderung und ihr plötzliches Wiedereinsetzen mit zu großem Betrag machen sich in Schlägen und Erschütterungen bemerkbar, die bei großen Förderhöhen selbst so stark werden können, daß sie zum Losreißen der Rohrleitung führen.

Die mit zunehmender Liefermenge fallende Kennlinie ist nicht nur das Kriterium für ein stabiles Verhalten der Pumpe überhaupt, ihre Steigung gibt auch ein Maß für die Stabilität und kann geradezu als Stabilitätsgrad[1] der Selbstregelung der Pumpe bezeichnet werden. Je größere Kräfte (Druckänderungen) bei Änderung der Belastung, d. i. hier der Liefermenge, zur Herbeiführung des neuen Gleichgewichtszustandes frei werden, also je größer die zugehörige Änderung der Förderhöhe, je steiler die Kennlinie ist, um so stabiler ist die Regelung. Der Vergleich ist ein vollständiger, insofern er auch auf das Parallelarbeiten ausgedehnt werden kann; bei Verminderung der Belastung übernimmt bald die Pumpe mit der steileren Kennlinie die gesamte Förderung, wenn sie nämlich zufolge Abnahme der Lieferung die Höhe des Schnittpunktes der flacheren Kennlinie mit der Ordinatenachse (Höhe H_0) übersteigt, geradeso wie bei Parallelschaltung zweier Kraftmaschinen die mit dem größeren Ungleichförmigkeitsgrad bei Abnahme der Gesamtbelastung ihren Anteil nur um wenig ändert und die Maschine mit dem kleineren Ungleichförmigkeitsgrad nahezu leer mitschleppt.

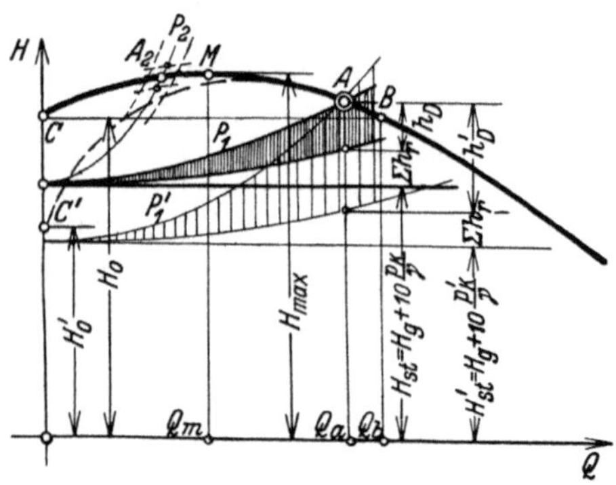

Abb. 41. Einstellung der Liefermenge Q durch Drosselung bei verschiedenen Kesseldrücken: h_D bzw. h_D' die beim Kesseldruck p_K bzw. p_K' erforderlichen Drosselhöhen für gleichbleibende Liefermenge Q_a. CM labiler Ast der Kennlinie, $C'A$ unbrauchbare Kennlinie.

Die größere Stabilität der Pumpe mit der steileren Kennlinie ist auch darin zu erkennen, daß sie bei Abweichung der Förderhöhe (etwa zufolge geänderter Widerstandsbeiwerte) oder der Kennlinie (wegen der in der Ausführung unvermeidlichen Streuung) von den Sollwerten geringere Änderungen der Liefermenge als die mit der flacheren Kennlinie ergibt.[2]

[1] Tolle, Die Regelung der Kraftmaschinen, S. 410 der 3. Aufl., bei Springer, Berlin 1921.

[2] Müller, Dinglers Pol. J., Bd. 346, 1931, H. 2.

b) Die Drosselregelung. Durch einen zusätzlichen Widerstand wird das dritte Glied in Gl. (9) vergrößert, d. h. im QH-Diagramm (Abb. 41) ist über die Parabel der Rohrleitungswiderstände eine weitere Parabel P_1 mit der die statische Förderhöhe darstellenden waagrechten Geraden als Scheiteltangente anzufügen. Erst deren Schnittpunkt mit der Pumpenkennlinie ergibt den Betriebspunkt A und in seiner Abszisse die Liefermenge Q_a. Je stärker gedrosselt wird, um so steiler verläuft diese Parabel (P_1, P_2, ...) und um so kleiner wird die Liefermenge. Ebenso ist stärker zu drosseln, wenn bei Abnahme des Kesseldruckes die Liefermenge nicht zunehmen soll (Parabel P_1'). Eine steile Widerstandslinie (wie P_2) gibt mit der Pumpenkennlinie auch dann nur einen Schnittpunkt (A_1), wenn diese auch gegen $Q = 0$ abfällt, so daß dann ein Pendeln zwischen zwei verschiedenen Liefermengenwerten nicht möglich ist. Auch das labile Verhalten der gegen $Q = 0$ fallenden Kennlinie beseitigt eine solche Widerstandslinie, weil dann Zunahme der Drosselung oder Abnahme der Drehzahl eine Abnahme der Liefermenge zur Folge haben, wie die vier zu A_1 benachbarten Punkte zeigen. Das gilt aber nur, wenn das Drosselorgan sich unmittelbar am Pumpenstutzen befindet; bei Regelung von Hand aus durch einen Wasserschieber trifft das gewöhnlich zu. Bei selbsttätiger Speiseregelung befindet sich das Regelventil meist in der Nähe des Kessels, wie es sich mit Rücksicht auf einfachen Zusammenbau mit dem Regler ergibt. Die Rohrleitung zwischen Pumpe und Drosselorgan bringt durch ihre Elastizität (vgl. S. 28) das labile Verhalten der Pumpe wieder zur Geltung. Insbesondere bei höheren Speisewassertemperaturen ist die Nachgiebigkeit der Wassersäule in der Druckleitung und somit ihre Speicherfähigkeit bedeutend (Tabelle 9). Die Überschreitung des Höchstdruckes H_{max} und das Zurückfallen auf den Wert H_0 geht dann unter der Wirkung der Elastizitäts- und Massenkräfte im Takt der Eigenschwingungszahl der Rohrleitung Gl. (17) vor sich. Auch bei der Parallelschaltung zweier Pumpen, die sich gegenseitig die zu überwindende Förderhöhe vorschreiben, wird das labile Verhalten offenbar, indem dann die Pumpe zwischen den zwei zum gleichen Druck gehörigen

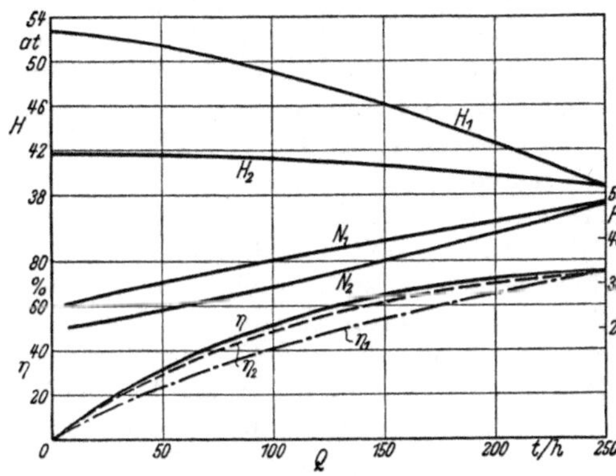

Abb. 42. Nutzbare Wirkungsgrade von Kreiselpumpen unter Berücksichtigung der Drosselverluste. H_1 steile stabile Kennlinie, H_2 flache stabile Kennlinie. N_1 Kraftverbrauch zu H_1, N_2 Kraftverbrauch zu H_2. η Pumpenwirkungsgrad zu H_1 und H_2; η_1 nutzbarer Wirkungsgrad bei steiler, η_2 nutzbarer Wirkungsgrad bei flacher Kennlinie.

Liefermengen hin- und herpendelt. Aus diesen Gründen sind für Kesselspeisezwecke, insbesondere aber selbsttätig geregelte Pumpen und bei Speisung heißen Wassers, nur über den ganzen Liefermengenbereich bis $Q = 0$ stabile Kennlinien, d. h. solche ohne Höchstpunkt, zu gebrauchen. Andernfalls müßte bei Unterschreitung der zu H_{max} gehörigen Liefermenge Q_m ein Rücklauf zum Speisewasserbehälter geöffnet werden. Weise Söhne baut hierfür eine selbsttätige Rückschlagklappe, die auch dann vorteilhaft zu verwenden ist, wenn eine Pumpe zeitweilig ohne zu fördern mitlaufen muß, was unzulässige Erwärmung bei Arbeiten im Totwasser hervorrufen würde. Keinesfalls darf sich die Kennlinie so stark zurückbiegen, daß ihr Schnittpunkt mit der H-Achse ($Q = 0$) unter die statische Förderhöhe zu liegen kommt (H_o'), weil dann die Pumpe, wie schon erwähnt, vor Beginn der Lieferung den auf dem Rückschlagventil lastenden Druck nicht überwinden kann.

Im übrigen ist es für die Wirkung der Drosselung gleichgültig, ob das Drosselorgan unmittelbar am Pumpenstutzen oder am Ende der Speiseleitung beim Kessel angebracht wird.

Der Einfachheit der Drosselregelung steht als Nachteil der Energieverlust durch die zu vernichtende Förderhöhe gegenüber. Als Betriebswirkungsgrad kommt nur der im Verhältnis der nutzbaren zur insgesamt von der Pumpe erzeugten Förderhöhe verkleinerte Pumpenwirkungsgrad in Betracht (Abb. 42[1]). Um diesen Verlust klein zu halten, soll die Pumpenkennlinie flach verlaufen, was auch mit Rücksicht auf die selbsttätigen Regelventile von Speise- oder Druckreglern erwünscht ist, weil deren Kegel auch bei stabiler Kennlinie leicht zu flattern beginnen und unter Umständen auch überdrückt werden, wenn sie zu große Druckhöhen abzudrosseln haben. Besonders flache Kennlinien (es sind bereits solche mit einer Steigung $\frac{H_o - H}{H} \cdot 100 = 10$ bis 12% und weniger[2] ausgeführt worden) dürfen nur bei Höchstdruckkesseln angewendet werden — nur dort sind sie mit Bezug auf das für Regler Gesagte notwendig —, wo die Widerstandshöhe im Vergleich zum Kesseldruck sehr wenig ausmacht. Sonst hat bei zu flacher Kennlinie eine geringe Änderung des Durchflußwiderstandes oder der Drehzahl eine starke Änderung der Liefermenge zur Folge.

c) Die Drehzahlregelung. Da zur kleineren Liefermenge gemäß der Rohrleitungskennlinie eine kleinere, gemäß der stabilen Pumpenkennlinie eine größere Förderhöhe gehört, ist die Drehzahl zu verringern, wenn keine unnütze Förderhöhe erzeugt werden soll. Durch Veränderung der Drehzahl zwecks Anpassung an die Liefermenge werden also wasserseitig alle Verluste vermieden; da bei verminderter Drehzahl auch die Wassermenge des besten Wirkungsgrades kleiner wird, werden Teilwassermengen sogar mit besserem Wirkungsgrad betrieben, als der Pumpen-

[1] Aus Weyland: Speisepumpen für Hochdruckdampfkraftwerke. Arch. Wärmewirtschaft, Bd. 12, 1931, S. 299, Abb. 1.

[2] Weyland, Kreiselpumpen zum Speisen von Hochdruckkesseln. Z. VDI, Bd. 74, 1930, S. 467.

wirkungsgradlinie für unveränderliche Drehzahl entspräche. Der erforderliche Drehzahlverstellbereich hängt von der Steigung der Kennlinie und dem Anteil der statischen Förderhöhe H_{st} in der Gesamtförderhöhe ab und folgt nach Gl. (26a) zu:

$$\frac{n_{\min}}{n} = \sqrt{\frac{H_{st}}{H_0}}. \tag{30}$$

Kommen auch Druckschwankungen im Kessel vor, so wird damit der notwendige Verstellbereich entsprechend größer. Für die Genauigkeit der Regelung ist es von Vorteil, den Bereich nicht zu klein zu halten, weshalb für die Drehzahlregelung Pumpen mit steileren Kennlinien bevorzugt werden. Den verschiedenen Betriebspunkten entsprechen dann ebensoviele verschiedene Kennlinien $n =$ const. Will man das Verhalten der Pumpe durch eine einzige Kurve wiedergeben, so kann man diese Linienschar durch eine waagrechte Gerade schneiden; durch Abbildung der Schnittpunkte über den gleichen Abszissen als Liefermengen in einem Q-n-Diagramm erhält man eine Kennlinie „$H =$ const". Für stabiles Verhalten muß diese von $Q = 0$ aus ständig steigen, d. h. zu jedem Q darf nur ein n gehören. Weist die Drehzahllinie ein Minimum auf, so sind kleinere als zu diesem Minimum gehörige Liefermengen nicht mehr durch Drehzahlverstellung, sondern wie bei der Drosselregelung durch Öffnen eines Rücklaufes einzustellen.

7. Ermittlung der Leistungsdaten aus den Pumpenabmessungen.

Bei Bestimmung der Leistungsdaten wird vor Beschreitung des Versuchsweges wenigstens eine angenähert rechnerische Bestimmung erwünscht sein. Bei der Kolbenpumpe liegen diesbezüglich die Verhältnisse einfach, weil die Liefermenge aus dem Hubraum und der Drehzahl unmittelbar folgt, die Förderhöhe nur in der Festigkeitsrechnung zu berücksichtigen ist und die Drehzahl aus üblichen Ausführungen geschätzt werden kann, bzw. bei Wahl einer zu kleinen Drehzahl die Pumpe nur mit Bezug auf die Liefermenge mangelhaft ausgenützt ist, sie aber deswegen doch brauchbar bleibt. Bei der Kreiselpumpe hängen jedoch Liefermenge und Förderhöhe von der Drehzahl, außerdem auch voneinander ab. Ohne Entwicklung der vollständigen theoretischen Grundlagen ist eine genaue Berechnung nicht durchzuführen. Soweit es sich aber nur darum handelt, von einer vorhandenen Pumpe die nicht bekannten Leistungsdaten aus ihren Abmessungen zu ermitteln, kann die folgende Näherung verwendbar sein.

Auf die Liefermenge kann in weiteren Grenzen aus der Stutzenlichtweite geschlossen werden, wofür die Tabelle 12 Anhaltspunkte gibt.

Ist die Drehzahl n durch den Motor bestimmt, so folgt aus den Abmessungen der Pumpe:

1. die Umfangsgeschwindigkeit des Laufrades $u_2 = \frac{D_2 \pi n}{60}$;

2. die Förderhöhe einer Stufe nach Gl. (26) $H_1 = k \cdot u_2^2$ m WS., wo $k = 0{,}05$ bis $0{,}055$ beträgt und kleinere Werte bei flach, größere bei

steil endenden Schaufeln zu wählen sind (übliche Schaufelwinkel 20 bis 30°);

3. aus der Hauptgleichung (23a) $c_{2u} = \frac{g \cdot H_1}{\eta_h \cdot u_2}$, wo der für den hydraulischen Wirkungsgrad η_h zu erwartende Wert aus Tabelle 12 zu entnehmen ist;

4. mit der Radialkomponente der Austrittsgeschwindigkeit $c_{2m} = (0,10 \text{ bis } 0,15) \cdot c_{2u}$ aus Gl. (27) die Liefermenge in m³/s, wo σ als Verhältnis der im Bogen am äußeren Radumfang gemessenen Lichtweite des Schaufelkanals zur Schaufelteilung zu bestimmen ist

5. und die Gesamtförderhöhe aus der Stufenzahl i zu $H = i \cdot H_1$.

6. Der Kraftbedarf ist mit $\gamma = 1$ nach Gl. (11) $N = \frac{Q\,H}{4500 \cdot \eta}$, wo Q in l/min einzusetzen und der Gesamtwirkungsgrad η wieder aus Tabelle 12 zu entnehmen ist. Auch für Heißwasserpumpen ist der größere, $\gamma = 1$ entsprechende Kraftbedarf zu berücksichtigen.

7. Schließlich wird die Drehungsbeanspruchung des Kupplungszapfens überprüft; aus den Abmessungen der Welle und dem Gewicht der aufgesetzten Laufräder kann graphisch die Durchbiegung[1] $y_{\max}$ der Welle bestimmt werden, womit die kritische Drehzahl mit $y_{\max}$ in Zentimetern gleich $n_{kr} = \frac{300}{\sqrt{y_{\max}}}$ wird.

Tabelle 12. Liefermengen und Wirkungsgrade von Kreiselpumpen.

Stutzenlichtweite* mm		40	50	60	80	100	125	150	200
Liefermenge l/min	von	50	100	250	400	700	1200	1800	3000
	bis	150	300	450	800	1500	2000	3200	5000
Hydraul. Wirkungsgrad %		72	75	76	78	80	83	85	86
Gesamtwirkungsgrad %		52	55	58	62	65	68	70	72

* Sofern Saug- und Druckstutzen verschiedene lichte Weite haben, bezieht sich diese Angabe bei Einstrompumpen auf den Saugstutzen.

8. Dampfsaugende Kreiselpumpen.

Während der Förderung dem Wasser in geringem Ausmaß beigemischte Luft- oder Dampfblasen werden von der Strömung mitgerissen. Bei größerem Gehalt sammeln sie sich aber in Radmitte und können nicht entgegen ihrem Auftrieb der Strömung folgen, wodurch die Förderung unterbrochen wird. Darin ist die Kreiselpumpe gegen die Kolbenpumpe im Nachteil, der jedoch durch Anordnung einer Wasserringpumpe[2] als erste Stufe zu beheben ist (nach Pat. SSW, in Verbindung mit Kreiselpumpe gebaut von der Amag-Hilpert-Pegnitzhütte, Nürnberg): in einem

[1] Vgl. z. B. Hütte I., S. 600 der 26. Aufl.

[2] Z. VDI, Bd. 67, 1923, S. 639 u. 875. — Neumann, Neue Bauarten von selbstansaugenden Kreiselpumpen. Z. VDI, Bd. 70, 1926, S. 1573; auch Z. VDI, Bd. 76, 1932, S. 893.

zylindrischen Gehäuse rotiert exzentrisch ein Radstern, dessen Speichen zusammen mit dem Wasserwulst am Umfang des Gehäuses ähnlich wie die Schieber einer Schieberpumpe (vgl. S. 22) Ansaugen und Ausschieben bewirken. Doch ist der Förderhöhe durch die Fliehkraftspannung im Wulst eine Grenze gesetzt, weshalb die Wasserringpumpen nicht zu den Verdränger-, sondern zu den Kreiselpumpen zu zählen sind.

Von verschiedenen anderen Ausführungen besitzt die Sihi-Pumpe (gebaut von Siemen & Hinsch m. b. H., Itzehoe i. H.) größere Verbreitung.[1] Bei dieser arbeitet der Radstern in konzentrischem Gehäuse; die Wirkung des Wasserwulstes kommt durch mehrere, in dessen Stirnflächen befindliche, gegen das Rad offene Kanäle zustande.

Bei allen mit Wasserringpumpen ausgestatteten Kreiselpumpen ist vor Anfahren nur die Pumpe selbst, nicht aber die Saugleitung aufzufüllen, weshalb auch kein Fußventil notwendig ist.

V. Die Antriebe.

A. Verhalten der Pumpen.

1. Drehzahl.

Steigende Drehzahl senkt den Preis und hebt den Wirkungsgrad der Motoren, ohne die Betriebssicherheit zu beeinträchtigen. Daher sucht man raschlaufende Motoren zu verwenden. Diesem Streben ist die Entwicklung der Kreiselpumpe zuzuschreiben, die der Forderung nach hoher Drehzahl ihrem Wesen nach entspricht: keine hin- und hergehenden Teile und damit keine Massenbeschleunigungen; keine unter Druck aufeinander gleitenden oder gegeneinander bewegten Teile, kein Verschleiß infolge hoher Geschwindigkeiten; Zunahme des Wirkungsgrades und Abnahme des Preises wie für den Motor mit steigender Drehzahl.

Man hat versucht, auch die Drehzahl der Kolbenpumpen zu erhöhen, doch liegen selbst ihre Extremwerte viel zu niedrig, als daß eine direkte Kupplung in Frage kommen könnte.

2. Kraftverhältnisse.

Wie die Kolbenkraft ist das mittlere Drehmoment an der Kurbelwelle der Förderhöhe proportional und unabhängig von der Drehzahl. Der Kraftbedarf der Kolbenpumpe wächst also ebenso wie die Liefermenge, bei konstanter Förderhöhe, proportional der Drehzahl. Eine Erhöhung des Kraftbedarfs über den aus größter Förderhöhe und Liefermenge berechneten ist nicht zu erwarten, es wäre denn, daß etwa durch Ablagerungen in der Druckleitung die Förderhöhe zunähme oder durch Abnutzung im Triebwerk der mechanische Wirkungsgrad abnähme.

---

[1] Ritter, Selbstansaugende Kreiselpumpen und Versuche an einer neuen Pumpe dieser Art. Leipzig 1930, Verlag Dr. Max Jänecke. — Ritter, Z. VDI, Bd. 74, 1930, S. 1257, und Fördertechnik, Bd. 23, 1930, S. 323.

Eine Verschlechterung des volumetrischen Wirkungsgrades zufolge Verschleißes wirkt nicht auf die Antriebsleistung, sondern vermindert nur die Liefermenge. Eine Verschlechterung des hydraulischen Wirkungsgrades tritt im allgemeinen nicht ein. Die Motoren dürfen aus diesen Gründen mit knapper Reserve bemessen werden.

Da der Kraftbedarf der Kreiselpumpe nach Gl. (28) der 3. Potenz der Drehzahl folgt, ist ihr Drehmoment dem Quadrat der Drehzahl proportional. Bei gleichbleibender Drehzahl steigt aber der Kraftbedarf mit fallendem Gegendruck (und wachsender Liefermenge). In Anlagen mit großen Schwankungen des Kesseldruckes ist deshalb der Motor mit 20 bis 25% Reserve zu wählen. Sonst genügt eine kleine Kraftreserve. Eine etwaige Zunahme der Förderhöhe durch Anwachsen des Rohrwiderstandes vermindert die Liefermenge und den Kraftbedarf; den gleichen Einfluß hat eine Zunahme der inneren Widerstände infolge zunehmender Rauhigkeit der Schaufeln oder Verengung der Kanäle durch Ablagerungen.

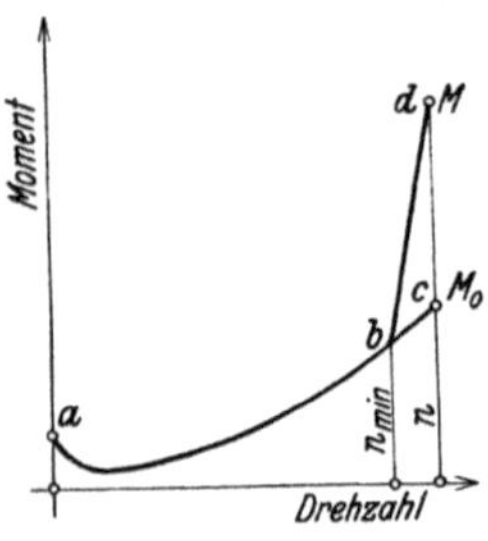

Abb. 43. Anlaufmoment einer Kreiselpumpe, nach *abc* bei geschlossenem, nach *abd* bei offenem Schieber.

3. Drehsinn.

Kolbenpumpen arbeiten in beiden Drehrichtungen gleich. Kreiselpumpen ist der Drehsinn durch die Schaufeln vorgeschrieben; sie erreichen bei falscher Richtung etwa nur die Hälfte der Förderhöhe.

4. Anlassen.

Das Drehmoment an der Kolbenpumpe wird während des Anlassens noch durch die für die Beschleunigung der Wassermassen erforderlichen Drücke erhöht. Wenn nicht durch eine zwischen Pumpe und Druckraum herstellbare Verbindung (Abb. 9) ohne Gegendruck angelassen werden kann, ist der Motor für Doppellastanlauf zu wählen.

Bei der Kreiselpumpe, bei der das Drehmoment erst mit der Geschwindigkeit des Rades entsteht, ist das Anlaßmoment durch die Reibung der Ruhe bestimmt (Abb. 43); das Drehmoment nimmt daher noch etwas ab, wenn sich das Rad zu drehen beginnt, und steigt dann nach einer Parabel mit dem Quadrat der Drehzahl des hochlaufenden Motors. Das Moment M_0 entspricht dem Kraftbedarf bei voller Drehzahl und geschlossenem Schieber, M dem bei voller Förderhöhe und Liefermenge. Läuft die Pumpe bei offenem Schieber an, so beginnt sie bei der der statischen Förderhöhe entsprechenden Drehzahl n_{min} nach Gl. (30) zu fördern. Der Kreiselpumpenanlauf ist also besonders günstig und kommt mit Motoren geringen Anzugmomentes aus.

B. Der Riemenantrieb.

Riementriebe werden im Kesselhaus und den anliegenden Räumen nach Möglichkeit vermieden. Sie versperren den Ausblick auf Anzeigegeräte, Rohrleitungsteile u. dgl., die jederzeit vom Bedienungspersonal durch einen Blick rasch überprüfbar sein sollen; oft stören sie sogar ungehinderten Durchgang. Durch Ablagerung von Staub und Ruß, durch wechselnde Temperatur und Feuchtigkeit der Luft leidet ihre Lebensdauer. Schließlich ist eine Riemenübertragung nie in dem Maß betriebssicher wie eine unmittelbare Kupplung. Aus diesen Gründen soll der Riemenantrieb nur dort verwendet werden, wo er nicht zu umgehen ist; für Kreiselpumpen scheidet er gänzlich aus und für Kolbenpumpen wird er besser durch einen Spannrollentrieb mit organischem Zusammenbau von Pumpe und Motor ersetzt.

C. Der elektrische Antrieb.

1. Gleichstrom.

a) Der Reihenschlußmotor wird nicht verwendet. Beim Antrieb von Kolbenpumpen besteht die Gefahr des Durchgehens bei Ausbleiben des Gegendruckes; für Kreiselpumpen würden sich bei abnehmender Belastung zufolge der ansteigenden Drehzahl zu große Drosselhöhen ergeben.

b) Die Drehzahl des Nebenschlußmotors ist im wesentlichen durch die Klemmspannung bestimmt und nimmt von Leerlauf bis Vollast nur um wenige Prozente ab. Durch Verminderung der Feldstärke, d. i. durch Vorschalten eines Widerstandes zu den Magnetwicklungen, wird die Drehzahl des Motors erhöht. Deshalb ist sie auch im kalten Zustand des Motors kleiner als im betriebswarmen, was bei Kreiselpumpen ein Versagen im Augenblick des Anlassens bewirken kann. Normalausführungen der Nebenschlußmotoren sind für eine Drehzahlerhöhung von 15 bis 25% eingerichtet; Sonderausführungen mit einem Drehzahlverstellbereich von 1 : 3 bis 1 : 4 kommt für Pumpenantriebe keine Bedeutung zu, da sie für Kreiselpumpen entbehrlich, für Kolbenpumpen noch immer unzureichend sind. Da Motoren nach dem größten Ankerstrom bemessen werden, geht die Höchstleistung bei gleichbleibendem maximalen Drehmoment mit der Drehzahl zurück. Das ist ebenso bei der Kolbenpumpe der Fall; für die Kreiselpumpe ist diese Abnahme der Höchstleistung, sofern der Motor nur nach dem Kraftbedarf bei größter Drehzahl gewählt wurde, bedeutungslos, weil ihr Kraftbedarf viel rascher als linear mit der Drehzahl zurückgeht.

2. Drehstrom.

a) Der Induktionsmotor. Die Drehzahl des Induktions- oder Asynchronmotors ist um den geringen Betrag der Schlüpfung kleiner als die durch Frequenz f und Polpaarzahl der Ständerwicklung p festgelegte synchrone Drehzahl $n_s = 60 \cdot \frac{f}{p}$ und somit nur aus einer Reihe weniger Werte wählbar (für die normale Periodenzahl $f = 50\,Hz$ mit rund 3000 und 1500 für Kreiselpumpen, dann 1000, 750 U/min usw.). Im praktisch verwendeten Bereich ist sein Drehmoment der Schlüpfung proportional;

bei größerer Abnahme der Drehzahl erreicht es einen Höchstwert (Kippmoment), von dem es bis zum Stillstand auf den Wert des Anzugmomentes abfällt. Auch im Drehstrommotor wird das Drehmoment durch den im Anker induzierten Strom bewirkt; wegen des kleinen Widerstandes im Anker (oder Läufer) genügt dafür eine kleine relative Geschwindigkeit, eben die Schlüpfung, zwischen dem stromführenden Leiter (Anker) und dem sich synchron drehenden Feld. Soll das Anzugmoment, das beim unmittelbaren Einschalten des Motors mit kurzgeschlossenem Käfiganker (Kurzschlußmotor) 0,7 bis 1,5 des Nennmomentes beträgt, erhöht werden — etwa bis auf das 2- bis 2,5fache Nennmoment —, so ist eine Vergrößerung des Läuferwiderstandes notwendig, die aber nur während des Anlaufens wirksam sein darf, soll nicht dauernd dadurch der Wirkungsgrad des Motors beeinträchtigt werden. Als solche Maßnahme, die zugleich zur Verringerung des Einschaltstromes vom 5- bis 8fachen auf etwa den 1,6- bis 2,4fachen Nennstrom dient, kommt in Frage: 1. Ersatz des einfachen Käfigs durch Wicklungen, deren Enden in Betrieb kurzgeschlossen, für das Anlassen auf Widerstände geschaltet werden (Schleifringmotor); 2. Anordnung zweier Käfige:[1] eines inneren mit kleinem Ohmschen Widerstand und großer Selbstinduktion und eines äußeren mit großem Ohmschen Widerstand und kleiner Selbstinduktion, so daß der Anlauf gemäß der dabei voll zur Wirkung kommenden Netzfrequenz und somit einem großen scheinbaren Widerstand des inneren Käfigs nur unter Wirkung des äußeren Käfigs, also mit großem Anzugmoment und kleinem Einschaltstromstoß erfolgt; bei voller Drehzahl, wo gemäß der kleinen Frequenz der Schlüpfung der scheinbare Widerstand nahezu dem Ohmschen gleich wird, führt der innere Käfig den wirksamen Strom, ohne daß die Widerstandsvermehrung durch den äußeren Käfig noch merkbar ist (Doppelkäfig-, Doppelnut- oder Stromverdrängungsmotor[2]). Nur bei sorgfältiger Handhabung der Anlaßwiderstände gibt der Schleifringmotor den geringen Einschaltstromstoß von nicht mehr als 160% des Nennstroms. Dagegen hat er schlechteren Wirkungsgrad und Leistungsfaktor als der Kurzschlußmotor bzw. als der Doppelkäfigmotor, ist durch die Schleifringe und die erhöhte Lagerentfernung mechanisch, durch die Phasenwicklungen elektrisch empfindlich, verlangt aufmerksame Betätigung, weil er sonst (wie übrigens auch bei Fehlen einer Nullspannungsauslösung) leicht Schaden nehmen kann. Ist der Stromstoß von etwa 320 bis 360% des Nennstroms bei direktem Einschalten des Doppelkäfigmotors,[3] wobei das Anzugsmoment etwa dem 1,2- bis 1,6fachen Nennmoment gleich ist, noch zu groß, so kann er wie ein gewöhnlicher Kurzschlußmotor mit Stern-Dreieck-Schalter angelassen werden, zumal für Kreiselpumpen die Abnahme des Anzugmoments auf ein Drittel des Wertes bei direkter Einschaltung belanglos ist (vgl. Abb. 43).

---

[1] Ähnlich wirken auch Hochkantstäbe eines einfachen Kurzschlußkäfigs, Ausführung SSW.

[2] Niethammer, Stromverdrängungsmotoren. Z. VDI, Bd. 74, 1930, S. 1193. — Baffrey, Doppelkäfigankermotoren. „E und M", 1928, S. 479.

[3] AEG-Mitteilungen 1933, H. 5, S. 186.

Dann bleibt der Stromstoß beim Einschalten bzw. Umschalten von Stern auf Dreieck auf der auch für Schleifringmotoren zugelassenen Höhe oder wenig darüber. Da für Speisepumpen meist alle anderen, für die Bedeutung des Stromstoßes maßgebenden Umstände wie Verhältnis der Motorleistung zur Transformatorgröße, Länge der Zuleitung vom Transformator aus, Häufigkeit der Schaltung günstig liegen, wird in der Regel mit Kurzschlußmotoren zu arbeiten sein.

Ein Vorteil des Schleifringmotors ist die Möglichkeit der Drehzahlregelung.[1] Durch Einschalten von Widerständen in den Läufer wird wie beim Anlassen die Schlüpfung vergrößert, also die Drehzahl ermäßigt, d. h. untersynchron geregelt. Der Motor nimmt eine dem Drehmoment und der vollen Drehzahl entsprechende Leistung aus dem Netz auf, von welcher ein der Drehzahlerniedrigung verhältnisgleicher Teil in den Widerständen in Wärme umgesetzt wird. Da der Kraftbedarf der Kreiselpumpe mit der 3. Potenz der Drehzahl zurückgeht, wäre trotz diesem Verlust die Regelung für diese noch immer wirtschaftlich; für Kolbenpumpen kann sie nicht in Betracht kommen. Als Regelwiderstände werden nicht die gewöhnlichen Anlaßwiderstände verwendet, sondern es muß durch genügend große Bemessung für Abfuhr der erzeugten Wärme gesorgt werden, weshalb diese Regelungsart nicht gerne angewendet wird. Außerdem verliert der Motor durch die künstlich herbeigeführte Schlüpfung seinen Nebenschlußcharakter und nimmt eine mit der Belastung wechselnde (weil bei Leerlauf unabhängig vom jeweiligen Läuferwiderstand immer die synchrone) Drehzahl an.

Durch Unterteilung der Ständerwicklung und verschiedene Schaltung der beiden Hälften werden zwei Polzahlen und damit zwei Drehzahlen im Verhältnis von 1 : 2 möglich. Sind mehr Drehzahlen oder andere Verhältniswerte verlangt, so sind zwei oder mehr unabhängige Wicklungen auszuführen. Zur Vereinfachung der Schaltung wird sie nur an Kurzschlußmotoren benützt, die damit aber — wenn bei kleinster Drehzahl eingeschaltet wird — wesentlich günstigere Anlaufverhältnisse haben und dann auch für Kolbenpumpen zu gebrauchen sind. Die Anpassung an die tatsächlich erforderliche Speisemenge muß jedoch durch periodisches Speisen oder Zurückleiten der überschüssigen Menge erfolgen, ist also keinesfalls ökonomisch. Daher kommt diesen Polumschaltmotoren für Speisepumpen nicht viel Bedeutung zu.

b) Der Drehstrom-Nebenschlußmotor. Wird der Läufer eines Drehstrommotors als Gleichstromanker ausgebildet, so unterscheidet sich der Motor bei Kurzschluß dieses durch nichts vom Asynchronmotor. Wird aber an dessen Bürsten eine Spannung gelegt, so muß sich die Drehzahl des Motors so einstellen, daß die vom Ständerfeld im Läufer induzierte elektromotorische Kraft (EMK) jener äußeren Spannung das Gleichgewicht hält. Dabei ist auch eine Erhöhung über die synchrone Drehzahl möglich. Diese Spannung kann nach Ausführung der AEG[2] einer Hilfswicklung des Ständers entnommen und über einen Dreh-

[1] Niethammer, Drehzahlregelung. Z. VDI, Bd. 72, 1928, S. 708.
[2] AEG-Mitteilungen 1929, S. 327.

transformator den Bürsten zugeführt werden. Nach einer Ausführung der SSW wird der Läufer vom Netz über Schleifringe gespeist und die veränderliche Spannung durch verschiedene Einstellung der Bürsten dem Anker entnommen und dem Ständer zugeführt. Das Bestreben, den Kollektor insbesondere bei hohen Drehzahlen zu vermeiden, hat im Verein mit dem höheren Preis eine weitgehende Anwendung dieser Motorart für Speisepumpen verhindert.

c) Regelkaskaden. Diese stellen eine Verbindung der Schlupfregelung des Asynchronmotors mit einem regelbaren Drehstrom-Kollektormotor dar, welch letztgenannter — der Hintermotor — die sonst in den Regelwiderständen vernichtete Schlupfenergie aufnimmt und als mechanische oder elektrische Energie nutzbar macht.[1] Zu diesem Zweck wird der Kollektormotor mit dem Asynchronmotor mechanisch gekuppelt oder wird er zum Antrieb eines auf das Netz arbeitenden Generators benützt. Die Regelung erfolgt durch einen Regeltransformator, der je nach Bauart des Drehstrom-Nebenschlußmotors seinem Ständer oder Läufer veränderliche Spannung zuführt. Die Drehzahl kann auf über- und untersynchrone Werte eingestellt werden. Die Kollektormaschine arbeitet dann entweder als Generator oder als Motor. Die Regelung erfolgt im wesentlichen ohne Verluste. Der Vorteil der Regelkaskade gegen den einfachen Drehstrom-Kollektormotor liegt darin, daß die erforderliche Antriebsleistung in einem normalen Asynchronmotor untergebracht werden kann und der Kollektormotor nur für einen Bruchteil dieser, nämlich jenen im Verhältnis des gewünschten Regelbereiches zur Höchstdrehzahl, zu bemessen ist.

Die Drehzahlregelung wird für Kreiselpumpen wohl hauptsächlich aus wirtschaftlichen Gründen, aber nicht allein aus diesen verwendet. Denn es ist im allgemeinen nicht sicher, ob die Wirkungsgradverbesserung die Mehrkosten der Anlage decken kann. Sie wird aber notwendig, wenn bei zu steilem Verlauf der Pumpenkennlinie ein in die Speiseleitung eingebautes Regelventil zu große Druckhöhen abzudrosseln hätte (vgl S. 80). Ausgeführt wurde eine Regelkaskade für den Speisepumpenantrieb im Großkraftwerk Mannheim.[2] Welche Ziele dabei verfolgt wurden, ist aus den Mitteilungen über die Betriebserfahrungen an diesem Werk zu entnehmen,[3] wo es heißt: „In Erwartung entsprechender Schwierigkeiten hatten wir darum nicht nur die dampfgetriebenen Pumpen mit Tourenreglern versehen. Dies bedeutet, besonders für den elektrischen Antrieb, eine recht unerwünschte Komplikation bzw. Vermehrung der Anlagekosten. Gelingt es nun, eine solche Charakteristik wie oben dargestellt“ (womit auf die zuvor besprochenen flachen Kennlinien Bezug genommen ist) „zu erreichen, so ist die ganze Tourenregelung, sowohl vom wirtschaftlichen Standpunkt als von dem der Wasserstandsregler aus, entbehrlich.“

---

[1] Zabransky, Drehzahlregelung von Asynchronmotoren durch Wechselstrom-Kommutator-Hintermaschinen. Carl Heymans Verlag, Berlin 1934. Enthält ausführliche Literaturangaben.

[2] S. Fußnote 2 auf S. 71.

[3] S. Fußnote auf S. 64.

Mit Rücksicht auf einfachen Betrieb, Übersichtlichkeit und geringe Anlagekosten wird man für den elektrischen Antrieb der Speisepumpen im allgemeinen auf die Drehzahlregelung verzichten und Kreiselpumpen mit flacher Kennlinie verwenden.

3. Bauliche Anordnung.

Für den Motor genügt meist die einfach geschützte Ausführung mit normaler Isolierung. Nur wenn mit Dampfschwaden zu rechnen ist, wird

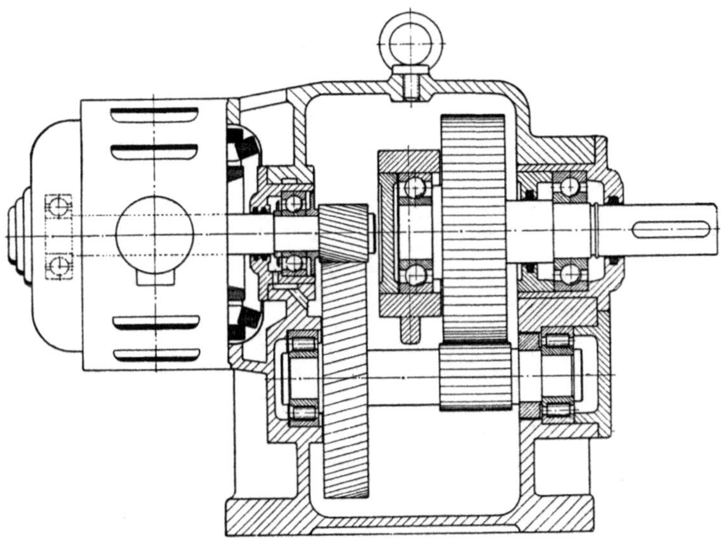

Abb. 44. Elektromotor mit eingebautem Getriebe für unmittelbare Kupplung mit langsam laufender Pumpe. Ausführung Saxoniawerk Paul Heuer G. m. b. H., Dresden.

besondere Feuchtschutzisolierung, wenn gleichzeitig Staubentwicklung berücksichtigt werden muß, besser die spritz- und schwallwassersichere Ausführung zu wählen sein, d. i. ein geschlossener Motor mit Rohranschlüssen, für den eine Fremdluftzuführung möglich ist, oder ein geschlossener Motor mit Außenbelüftung.[1] Diese Bauarten geben ohne bedeutende Mehrkosten unter allen Umständen volle Betriebssicherheit.

Mit Kreiselpumpen wird der Motor normalerweise unmittelbar gekuppelt. Für den Motor wird die Schildlagerausführung verwendet; eine gußeiserne Grundplatte bzw. ein solcher Rahmen dient für die gemeinsame Aufnahme von Pumpe und Motor. Bei großen Motorleistungen wird es vorkommen, daß an Stelle der zweipoligen Ausführung (Drehzahl 3000) die vierpolige (Drehzahl 1500) notwendig wird. Ist die Drehzahl von 1450 bis 1500 zu gering, so wird ein hochwertiges Zahnradgetriebe, das gekapselt im Ölbad läuft und dessen Verluste nicht größer als 1 bis 2%

[1] AEG-Mitteilungen 1933, H. 5, S. 186.

sind, zur Erhöhung der Pumpendrehzahl zwischengeschaltet. Auch für zweipolige Motoren wurden solche schon benützt, um bei sehr großen Kesseldrücken (Bensonkessel) mit der Drehzahl von 6000 die Stufenzahl beschränken zu können.

Für Kolbenpumpen kann der Motorantrieb durch Anbau der Spannrolle an den Motor in einfacher und raumsparender Weise herangezogen werden.[1] Auch Zahnräder kommen in Betracht, mit welchen in einem Paar Übersetzungen bis 1 : 10 zu bewältigen sind. Diese werden in einem Blechgehäuse verschalt oder es werden geschlossene Getriebe mit elastischen Kupplungen zwischengeschaltet, die noch höhere Übersetzungen ermöglichen und den Vorteil besseren Wirkungsgrades und ruhigen Ganges besitzen. Sie können auch mit dem Motor zu einer Einheit zusammengebaut werden (Abb. 44); an den Wellenzapfen dieses Getriebemotors beliebig kleiner Drehzahl ist eine Kolbenpumpe ebenso zu kuppeln wie die Kreiselpumpe mit dem einfachen Motor.

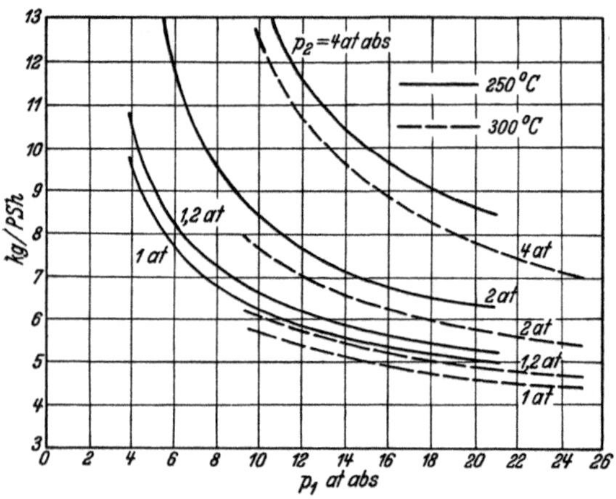

Abb. 45. Dampfverbrauch verlustfreier Gegendruckturbinen in Abhängigkeit vom Frischdampfdruck p_1, für verschiedene Gegendrücke p_2 und Dampftemperaturen.

D. Der Dampfantrieb.

Das Bestreben, den Antrieb der Speisepumpe von jeder fremden Kraftquelle unabhängig zu machen und dafür nur mit Dampf auszukommen, der immer vorhanden ist, wenn die Pumpe arbeiten soll, mußte auch für die Kreiselpumpe einen vollwertigen Dampfantrieb bringen, sollte sie andere dampfgetriebene Speisevorrichtungen, insbesondere schwungradlose Dampfpumpen verdrängen können. Dazu war eine Anpassung der der Kreiselpumpe entsprechenden Dampfturbine notwendig.

1. Bauart der Kleinturbine.

Die Überlegenheit der Dampfturbine über die Kolbenmaschine beginnt erst bei größeren Leistungen und wird im wesentlichen durch die Möglichkeit, mit ihr hohes Vakuum auszunützen, bestimmt. Diese beiden Gesichtspunkte verlieren im Speisepumpenantrieb ihre Bedeutung. Vor

[1] AEG-Mitteilungen 1932, H. 3, S. 84, Motoren mittlerer Größe mit Spannrollen am Lagerschild. — AEG-Mitteilungen 1934, H. 3, S. 83.

allem handelt es sich im Hinblick auf die für Turbinen durchschnittlichen Werte um sehr kleine Leistungen. Die Wirtschaftlichkeit wird hier durch niedrigen Anschaffungspreis und einfache Betriebsart bei vollkommener Betriebssicherheit zu erreichen sein. Auf niedrigen Dampfverbrauch ist erst in zweiter Linie zu achten; er spielt weniger Rolle, weil durch die Speisewasservorwärmung immer die Möglichkeit der Abdampfverwertung gegeben ist, ja es ist sogar die Einrichtung möglich, daß die Antriebsturbine der Speisepumpe an Stelle einer Anzapfstufe der Hauptturbine Dampf für eine Stufe der Regenerativvorwärmung (vgl. S. 125) beistellt. Auch das Kondensat des Abdampfes geht nicht verloren; da es ölfrei ist, kann der Dampf unmittelbar in das vorzuwärmende Speisewasser eingeblasen werden. Die für Speisepumpen entwikkelte Bauart der Kleinturbinen arbeitet deshalb ohne Kondensation, ebenso wird auch die Aufteilung der verfügbaren Dampfarbeit auf viele Stufen hier nicht angewendet. Als Regel gelten teilbeaufschlagte Gleichdruckturbinen, und zwar meist mit nur einer Druckstufe. Damit entfallen die hoch beanspruchten Längslager, die Notwendigkeit des Anwärmens vor Inbetriebnahme; die Spiele in den Schaufeln können reichlich bemessen werden, was gleichfalls die Betriebssicherheit fördert. Anpassung der Drehzahl ist noch durch Ausnützung der Dampfgeschwindigkeit in zwei oder drei Geschwindigkeitsstufen möglich. Es wird also ein Curtisrad verwendet oder zwecks Verbilligung mehrfache Beaufschlagung eines einzigen Schaufelkranzes mit Hilfe von seitlich am Rad angebrachten Leitkammern (Kinast), wobei sich allerdings infolge unrichtiger Schaufelwinkel bei der wiederholten Beaufschlagung der Dampfverbrauch erhöht.

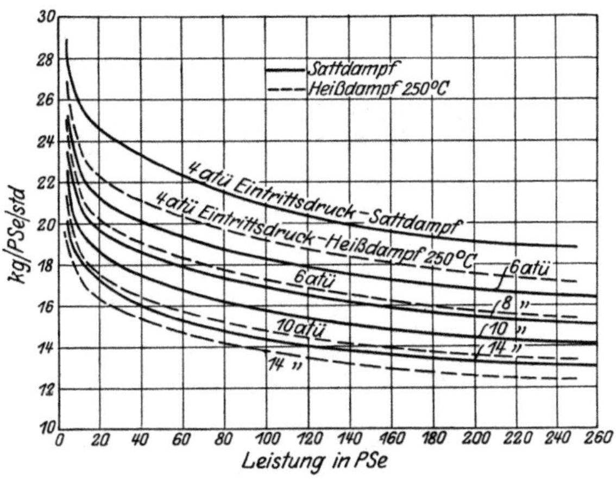

Abb. 46. Verbrauchszahlen für Kleinturbinen mit verschiedenen Eintrittsdrücken und Auspuff ohne Gegendruck. Änderung des Dampfverbrauchs bei Drosselregelung:

0,25-	0,5-	0,75-	1,0-	1,25-	1,5-fache	Belastung
50	20	4	0	6	20	% Mehrverbrauch

2. Der Dampfverbrauch.

Der Dampfverbrauch der verlustfreien Maschine $C_o = \frac{632}{AL_0}$ in kg/PSh, wobei AL_0, das adiabatische Wärmegefälle, für die vorgeschriebenen Druckgrenzen aus dem *is*-Diagramm für Wasserdampf zu entnehmen ist, ist in seiner Abhängigkeit von Frischdampf- und Gegendruck sowie von der Temperatur in Abb. 45[1] dargestellt. Außer C_0 ist auch der thermodynamische Wirkungsgrad C_0/C selbst zufolge Schaufelverluste und Radseitenreibung von der Dampftemperatur und dem Frischdampf-

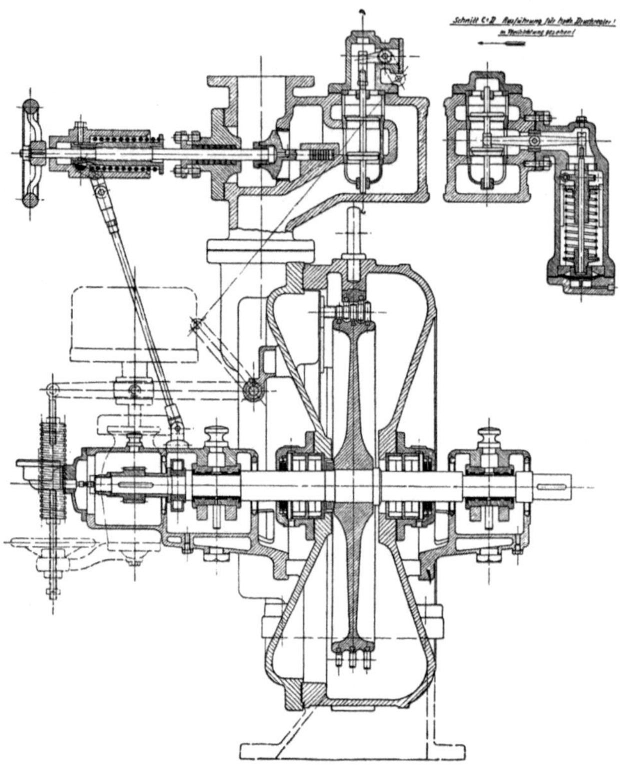

Abb. 47. Senkrecht geteilte Kleinturbine mit Flanschlagern, Drosselventil betätigt durch Fliehkraftregler (strichliert gezeichnet) oder durch Druckdifferenzregler. Ausführung Kuhnert-Turbowerke A.-G., Meißen, die auch waagrecht geteilte Turbinen mit Bocklagern baut.

druck (Abb. 46[2]), der wirkliche Dampfverbrauch C noch von der Drehzahl abhängig. Insbesondere kleine Leistungen verlangen hohe Drehzahl. Bei Teillast steigt der Dampfverbrauch, bei Düsenregelung (s. Abschn. 4) in geringerem Ausmaß, für Drosselregelung etwas mehr, wie unter Abb. 46 angegeben.

[1] Vgl. Arch. Wärmewirtschaft, Bd. 15, 1934, H. 1, Arbeitsblatt 43; auch enthalten in „Wärmetechnische Arbeitsmappe", VDI-Verlag, Berlin 1934.

[2] Aus Reutlinger-Gerbel: Kraft- und Wärmewirtschaft in der Industrie. I. Bd., 3. Aufl., Abb. 44. Bei Springer, Berlin und Wien 1927.

3. Bauteile und Werkstoffe.

a) Das Gehäuse wird bei kleineren Leistungen meist senkrecht geteilt, wobei das Laufrad nach Abnahme des Deckels zugänglich wird (Abb. 47). Für größere Leistungen wird die waagrechte Teilung häufig

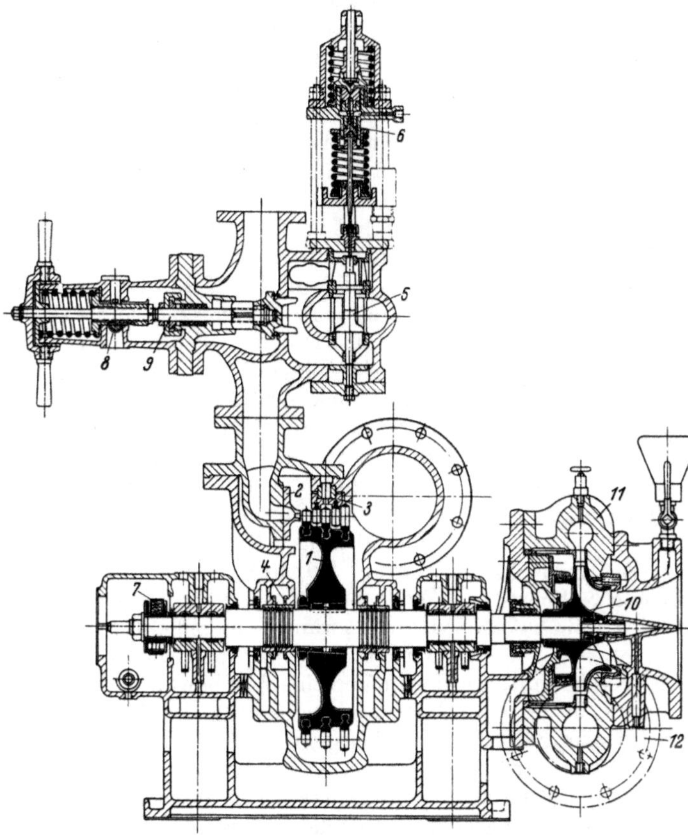

Abb. 48. Einstufige Turbo-Speisepumpe für Förderhöhen bis zu 250 m und Liefermengen von 20 m³/h oder mehr. Ausführung AEG. *1* Turbinenlaufrad, *2* Düsensegment, *3* Leitschaufeln, *4* Labyrinthstopfbüchse, *5* Drosselregulierventil, *6* Federregulierapparat, *7* Schnellschlußregler, *8* Schnellschlußklinke, *9* Schnellschluß- und Anfahrventil, *10* Pumpenlaufrad, *11* Pumpengehäuse, *12* Druckstutzen der Pumpe.

bevorzugt (Abb. 48 und 50), die höhere Herstellungskosten bedingt, jedoch Läufer, Stopfbüchsen und Lager bequemer zugänglich macht und freie Wärmedehnungen erlaubt. Als Baustoff kommt Perlit-Guß in Frage, für Frischdampf führende Teile wird von etwa 15 at Üb. und 300 bis 350° C an Stahlguß verwendet; bei hohem Gegendruck wird das ganze Gehäuse in Stahlguß ausgeführt.

b) Die Beanspruchungen in Welle und Laufrad überschreiten nie die für S. M.-Stahl zulässigen Werte. Das Laufrad ist aus einem Schmiedestück aus dem Vollen gedreht und wird auf die Welle aufgekeilt. Die Turbine wird bei unterkritischer Drehzahl betrieben. Für die Schaufeln werden aus 5%igem Ni-Stahl gezogene Profile verwendet, ausnahmsweise auch Monelmetall (Naturlegierung aus rund 60% Ni und 40% Cu), wenn chemische Verunreinigungen des Dampfes zu befürchten sind. Die Deckbänder der Schaufeln sollen aus demselben Werkstoff wie die Schaufeln selbst bestehen. Düsen werden aus dem Vollen gefräst oder aus gezogenen Blättchen zusammengesetzt; auch für diese wird vergüteter Stahl verwendet.

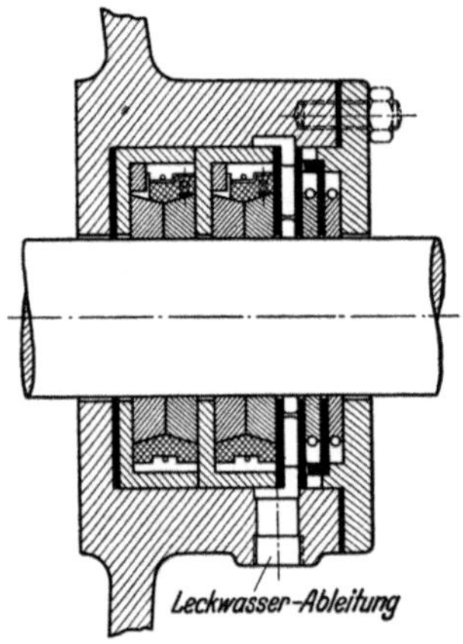

Abb. 49. Kohlestopfbüchse. Ausführung Kuhnert-Turbowerke A.-G., Meißen.

c) Die Stopfbüchsen werden nur selten als Labyrinthe ausgeführt (Abb. 48), die Regel bilden Kohlestopfbüchsen, deren Kohlenringe durch eingesetzte Federn mit leichtem Druck auf der Welle ruhen. Die Zahl der Ringe ist durch den abzudichtenden Druck bestimmt. Meist sind sie dreiteilig ausgeführt und in Bronzewinkelringen eingesetzt, die sie gegen Verdrehen sichern. Vorteilhaft ist eine Anordnung, bei der sie gegen die Kammerwände gedrückt werden (Ausführung Kuhnert-Turbowerke und Weise Söhne) (Abb. 49), wodurch die Welle entlastet und auch gegen die äußeren Kammerwände abgedichtet wird. Sonst wird in der Stopfbüchse auf der Welle ein Schutzrohr angebracht, um sie vor Verschleiß zu bewahren. Vor der letzten Ringreihe wird in der Stopfbüchse eine Leckwasserableitung vorgesehen. Für die Schmierung der Stopfbüchse genügt vollkommen der Leckdampf.

d) Die Lager werden bei senkrecht geteiltem Gehäuse angeflanscht, bei waagrecht geteiltem als eigene Bocklager aufgestellt. Die Lager selbst sind immer in der waagrechten Mittelebene geteilt. Als Lagerfutter soll genügend hartes, hochzinnhaltiges Weißmetall verwendet werden. Längslager sind bei Gleichdruckturbinen wie erwähnt nicht erforderlich; zur Fixierung genügen Bunde (Anlaufflächen) an den Querlagern. Die Schmierung kann noch bei hohen Drehzahlen durch lose Ringe erfolgen (vgl. S. 69), Druckölschmierung wird bei großen Ausführungen gewöhnlich erst dann angewendet, wenn für die Versorgung eines hydraulischen Reglers eine Öldruckanlage vorzusehen ist. Immer aber werden Gleitlager verwendet, Wälzlager sind höchstens bei ganz kleinen Einheiten brauchbar. Mit Rücksicht auf die bedeutende Wärmezufuhr durch Strahlung und Leitung ist meist eine Kühlung an den Lagern notwendig, für die zweckmäßig der Lagerkörper mit vom Kühlwasser durchflossenen Kammern umgeben ist. Bei Druckölschmierung wird der Kühler in den Ölkreis hinter die Ölpumpe geschaltet.

Zur Verminderung der Wärmestrahlung ist es vorteilhaft, die Turbine mit einem glänzenden Stahlblechmantel zu umkleiden und den Raum zwischen Gehäuse und Mantel mit Wärmeschutzstoff auszufüllen.

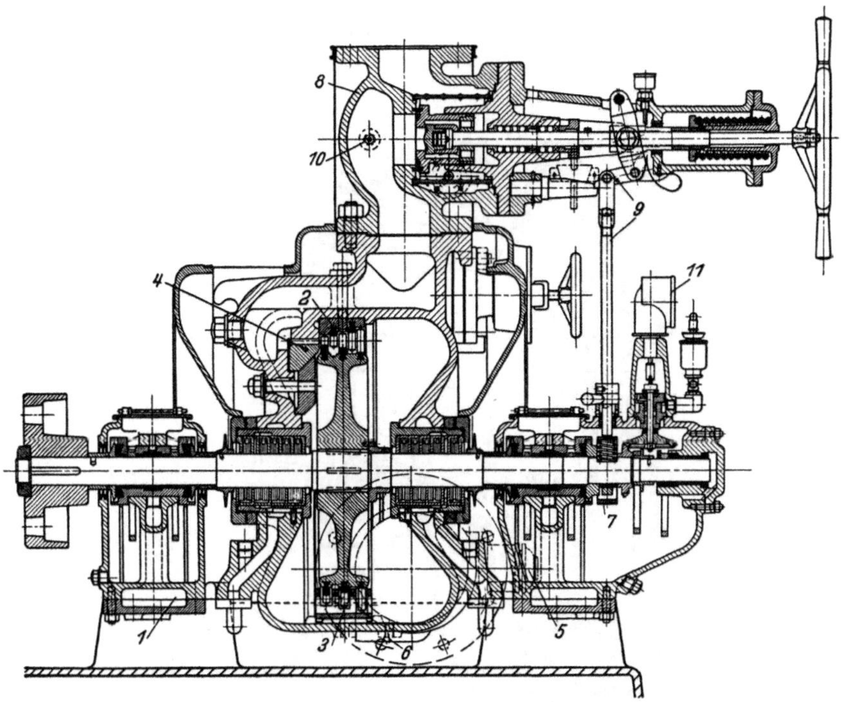

Abb. 50. Waagrecht geteilte Kleinturbine mit Bocklagern. Ausführung Weise Söhne, Halle a. d. S. *1* Kühlraum für Lager, *2* Leitschaufeln (Umkehrapparat), *3* Schutzbogenstück, *4* Düse, *5* Sicherheitsventil, *6* Entwässerung, *7* Schnellschlußregler, *8* Anfahr- und Schnellschlußventil, *9* Schnellschlußgestänge, *10* Thermometeranschluß, *11* Tachometer.

4. Regelung.

a) Turbine ohne Regler. Bei unveränderlichem Dampfgewicht ändert sich das abgegebene Drehmoment bei Änderung der Drehzahl fast genau nach einer Geraden und erreicht bei Stillstand ungefähr den doppelten Wert jenes bei günstigstem Verbrauch.[1] Die Turbine regelt also bei Änderung der Belastung einen neuen Beharrungszustand selbst ein, und zwar um so rascher, als mit steigender Drehzahl, wo also das Kraftmoment der Turbine abnimmt, das Lastmoment der Kreiselpumpe ansteigt. Bei kleinen Leistungen wird deshalb die Turbine ohne Regler betrieben; die Einstellung der Drehzahl erfolgt von Hand durch das

[1] Lorenz, Dampfturbinen mit stark veränderlicher Drehzahl. Z. VDI, Bd. 70, 1926, S. 314.

Hauptdampfventil. Um ein unzulässiges Anwachsen der Drehzahl zu verhüten, wie es etwa bei Unterbrechung der Pumpenströmung durch Luftsaugen auftreten könnte, wird stets ein Schnellschlußregler vorgesehen, der bei Überschreitung der höchsten, im Betrieb erforderlichen Drehzahl um etwa 10 bis 15% die Dampfzufuhr unterbricht; ein Fliehgewicht mit exzentrischer Schwerpunktslage hebt bei Erreichen einer

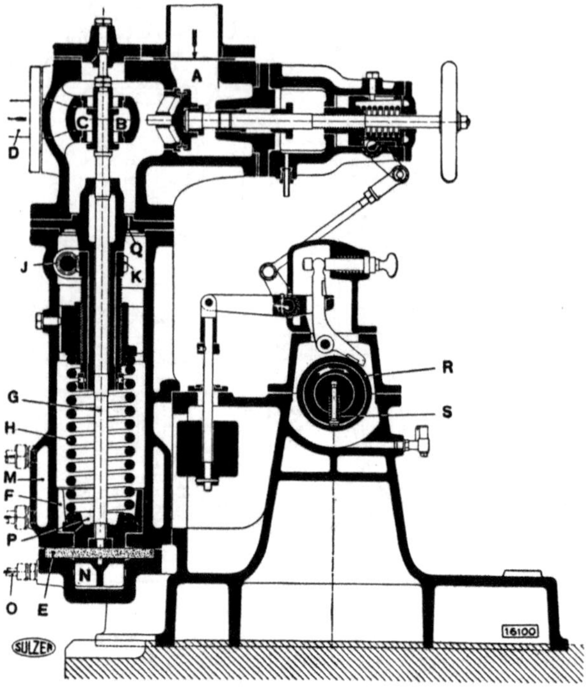

Abb. 51. Sulzer-Druckdifferenzregler für mit Eigendampf betriebene Turbopumpen samt Schnellschlußregler. *A* Dampfzuleitung, *B* Regelventil, *C* und *D* Anschluß zur Turbine, *E* Regelmembran, *F* Druckkolben, *H* Feder für die Druckdifferenz, *J* und *K* Einstellung der Federspannung, *M* Kühlmantel, *O* Pumpendruckanschluß, *R* und *S* Schnellschlußregler.

größeren als durch die Feder eingestellten Höchstdrehzahl (Abb. 51, vgl. auch Abb. 50) den daran schleifenden Hebel und klinkt damit die Sperre des Hauptdampfventils aus. Die die Ventilspindel führende Mutter ist als Kolben ausgebildet und durch eine Feder belastet, die nach erfolgtem Ausklinken, eventuell durch ein Gewicht unterstützt, das Ventil zustößt (vgl. auch Abb. 47).

b) Änderung der Dampfleistung. Eine Anpassung an den veränderlichen Kraftbedarf der Pumpe geschieht durch 1. Drosseln des

Frischdampfes oder 2. Verändern der Dampfmenge (Zuschalten einzelner Düsen). Die Drosselregelung ist konstruktiv einfacher und in der Herstellung billiger, dafür im Dampfverbrauch für Teillasten ungünstiger. Durch Unterteilen der Düsen in einzelne Gruppen, deren jede durch ein eigenes Ventil mit Dampf versorgt wird, kann bei jeder Belastung mit vollem Dampfdruck, also ohne Verluste gefahren werden. Kleinere Turbinen werden häufig für die Deckung erhöhter Belastung mit Zusatzventilen, das sind handbetätigte Düsengruppenventile, ausgerüstet; für Speisepumpen werden solche besser nicht angewendet, denn bei diesen soll jederzeit auch für unvorhergesehene Belastungszunahmen die volle Leistung selbsttätig zu- und für plötzliche Belastungsabnahme, ohne daß der Schnellschlußregler eingreift, abgeschaltet werden können. Das Drosselventil wird als entlastetes Doppelsitzventil ausgebildet (Abb. 47, 48 und 51), das durch direkt wirkende Regler (Fliehkraft- oder Druckregler) verstellt werden kann. Bei der Düsengruppenregelung werden die einzelnen Ventile nacheinander, etwa durch Hebel oder Nocken, die unter verschiedenen Winkeln auf einer Regulierwelle angebracht sind, angehoben. Der vollen Öffnung der einzelnen Ventile entsprechen Teillasten, die zusammen die volle Turbinenleistung ergeben. In dem dieser Teillast entsprechenden Regelbereich arbeitet das sich in seinem Verstellbereich befindliche Ventil auch mit Drosselung. Die Düsengruppenregelung erfordert größeren Kraftaufwand und wird deshalb in der Regel mit Öldruckreglern betätigt.

c) Druckregler. Die Aufgabe des selbsttätigen Reglers, die Leistungsabgabe dem Kraftbedarf anzupassen, muß nicht mit konstant gehaltener Drehzahl erfüllt werden. Für die Kreiselpumpe ist gleichbleibende Drehzahl nicht nur bedeutungslos, sondern sogar schädlich (vgl. S. 80), weil dann für Teillasten unnütz große, wieder abzudrosselnde Drücke auftreten. Statt des Geschwindigkeitsreglers ist deshalb besser ein Druckregler vorzusehen, der die Pumpe gegen gleichbleibende Förderhöhe arbeiten läßt. Zu diesem Zweck wird z. B. das Drosselventil der Turbine (Abb. 48) durch einen federbelasteten Kolben gesteuert, der durch den Pumpendruck das Ventil zu schließen sucht. Steigt der Pumpendruck über die Federkraft, so wird der Frischdampf an der Turbine gedrosselt, Drehzahl und Förderhöhe bzw. Liefermenge verringert, bis die Feder dem Förderdruck wieder Gleichgewicht hält. Der zweite darüber angebrachte Kolben sorgt für Schnellschluß des Dampfventils, wenn durch Luftsaugen oder sonstige Unterbrechung der Pumpendruck verschwinden und dann die Federbelastung des unteren Kolbens es öffnen würde.

Wird der Druck im Kessel nicht geregelt, so wird durch den beschriebenen Federregulierapparat zu große Förderhöhe, d. h. zu große Liefermenge, eingestellt, wenn der Kesseldruck fällt. Um unabhängig von Druckschwankungen im Kessel oder bei Gleitdruckbetrieb des Kessels[1] ohne Drosseln auszukommen, ist es notwendig, die Pumpendrehzahl

[1] Gleichmann, Arch. Wärmewirtschaft, Bd. 14, 1933, S. 145; auch Bd. 15, 1934, S. 42.

vom Unterschied des Pumpendruckes gegen den Kesseldruck zu steuern, also nicht einen Druckregler, sondern einen **Druckdifferenzregler** zu verwenden. Der Druckunterschied, der konstant zu halten ist, kommt durch Belastung einer Membran aus Gummi oder Leder (Abb. 47 und 51)

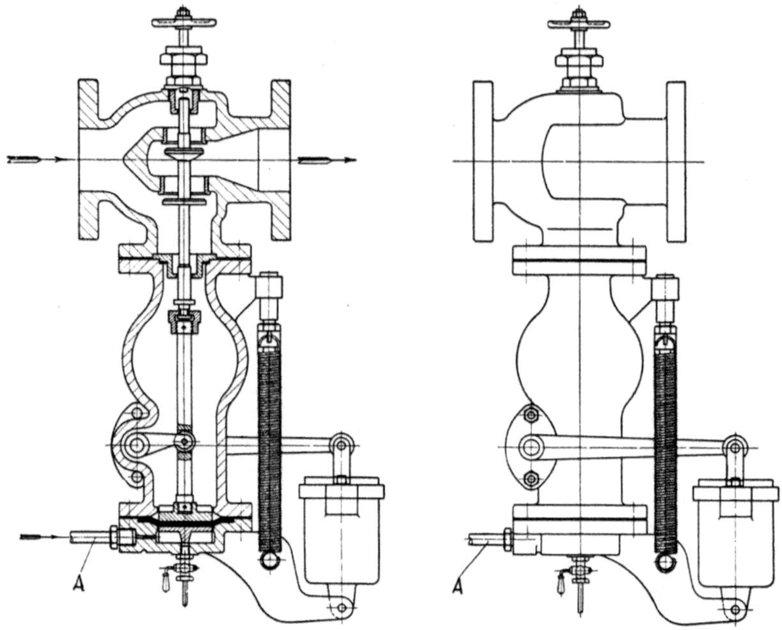

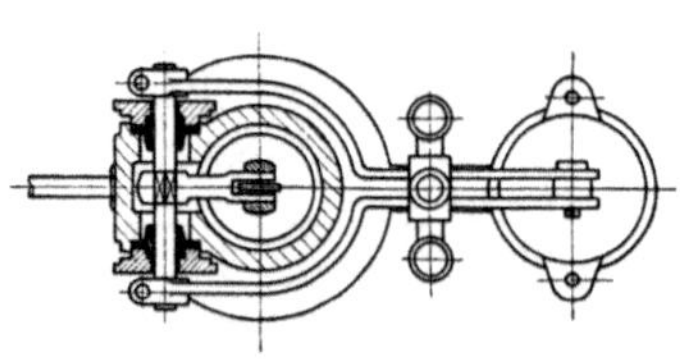

Abb. 52. Druckdifferenzregler der Hannemann-G. m. b. H., Berlin-Frohnau, Type „Dampf“ für mit Eigendampf betriebene Pumpen, gebaut bis zu Lichtweiten von 80 mm und größter Druckdifferenz von 6 at und Dampfdrücken von 30 at. *A* Anschluß zum Pumpendruck. Im Grundriß die patentierte, stopfbüchsenlose Wellendurchführung mit Gummimanschetten.

von unten durch den Pumpendruck, von oben durch den Druck des Betriebsdampfes der Turbine zur Wirkung. Seine Größe ist durch die Federspannung gegeben, die mittels Schnecke und Schneckenrad eingestellt werden kann.

Unabhängig von der Turbine, in ihre Dampfzuleitung an frei wählbarer Stelle einzubauen ist der Druckregler der **Hannemann-G. m. b. H.** (Abb. 52); auch dieser wird stets hängend angeordnet, um durch eine Kondensatschicht die Membran der unmittelbaren Einwirkung der hohen Dampftemperatur zu entziehen. Die außen liegenden, also dem

Dampf entrückten Federn sind unten an dem Träger der Ölbremse befestigt und oben an einem Querträger angehängt, der durch eine gerade geführte Druckstange die Federbelastung auf den Ventilhebel und schließlich auf die Membran überträgt. Die Welle dieses Hebels ist in elastischen Gummimanschetten gelagert (DRP), die ohne Stopfbüchsen dichte und reibungsfreie Drehung gestatten. Die Ölbremse verbessert die Reglerstabilität (s. S. 102). Die obere Stellschraube soll völliges Abschließen und Stehenbleiben der Turbine verhüten.

Dieser Druckdifferenzregler kann auch für schwungradlose Dampfpumpen verwendet werden. Die Anpassung an den Kesseldruck bzw. eine veränderliche Liefermenge durch Änderung des Dampfdruckes vor der Pumpe folgt aus Abb. 17.

Wird die Turbine mit Dampf aus einem anderen als dem von der Pumpe gespeisten Kessel betrieben, so ist die Membran in einem von der Dampfleitung bzw. vom Regelventil getrennten Gehäuse unterzubringen (Regler „Universal" von Hannemann, dessen zusätzliche Belastung durch Gewicht oder eine Quecksilbersäule geliefert wird und der dadurch auch für größere Druckdifferenzen und Verstellkräfte ausreicht).

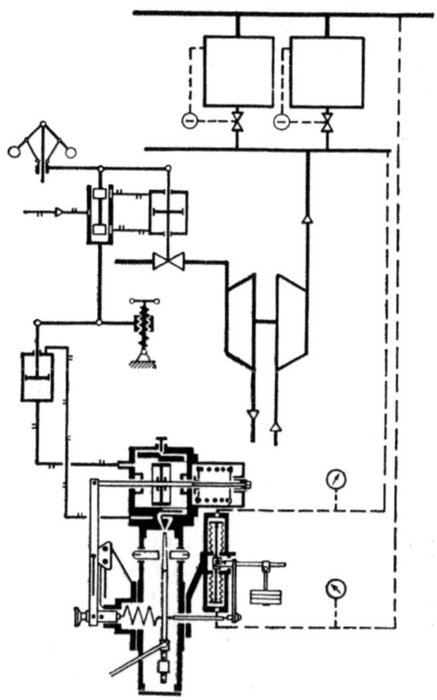

Abb. 53. Durch Strahlrohr betätigter Hilfskraft-Druckdifferenzregler der Askania-Werke, Berlin-Friedenau, in Verbindung mit der Drehzahlverstellvorrichtung eines Geschwindigkeitsreglers, mit nachgiebiger Rückführung.

Sehr große Verstellkräfte sind mit Membranen nicht aufzubringen; dann sind Öldruckregler erforderlich, bei welchen der Membrandruck lediglich den Impuls zur Einschaltung des Öldruckes für den Kraftzylinder gibt. Das kann z. B. durch Verschwenken eines Strahlrohres (Abb. 53) geschehen, welches das ihm zugeführte Drucköl in die eine oder andere Mündung der beiden zum Kraftzylinder führenden Kanäle treten läßt. Für die Mittelstellung des Strahlrohres herrscht beiderseits derselbe Druck, so daß der Kolben in Ruhe bleibt. Verläßt das Strahlrohr seine Mittellage (der größte Ausschlag beträgt 1,25 mm), so wird der einen Kolbenseite voller Öldruck vermittelt und von der anderen ist freier Ablauf möglich. Der Kraftkolben kann nun das Regelventil der Turbine betätigen oder man läßt ihn, wenn der Geschwindigkeitsregler für größere Einheiten neben dem Druckregler beibehalten werden soll, auf dessen

Drehzahlverstellvorrichtung einwirken (Abb. 53). Der unmittelbar vor dem Strahlrohr liegende Zylinder mit Umlauf dient für die sogenannte nachgiebige Rückführung, die dafür sorgt, daß der Regelvorgang immer bei genau derselben Größe der Druckdifferenz beendet wird, aber während des Verlaufes der Regelung Abweichungen davon möglich sind. Bei zunehmender Druckdifferenz wird z. B. durch die beiden außen von Pumpen- bzw. Kesseldruck belasteten Balgenmembranen (Wellrohre) das Strahlrohr nach rechts geschwenkt, so daß der Öldruck auf der oberen Seite des Kraftkolbens zur Wirkung kommt. Dadurch wird die den Steuerkolben des Drehzahlreglers umgebende Hülse gesenkt, also relativ dieselbe Steuerbewegung wie bei Steigen der Pendelmuffe, das wäre nach vorausgegangener Entlastung, eingeleitet. Das Regelventil der Turbine wird geschlossen, die Drehzahl und die Druckdifferenz werden verringert. Von der unteren Seite des Kraftkolbens geht das Öl zum Rückführzylinder, schiebt dessen Kolben entsprechend der Kataraktwirkung des Umführungskanals nach rechts und preßt seine Feder zusammen. Vermöge der links ersichtlichen Hebelübersetzung wird dabei das Strahlrohr aus seinem Ausschlag nach rechts wieder in die Mittelstellung zurückgeholt, unabhängig davon, daß am Druckdifferenzmeßgerät noch ein Ausschlag vorhanden ist. In dem Maß, wie das Öl durch die Umführung auf die andere Kolbenseite gelangt, erlischt allmählich die Kataraktwirkung und der Rückführkolben geht unter der Federwirkung in seine Mittellage. Da die Druckdifferenz durch Gewichtsbelastung eingestellt ist, muß schließlich auch das Druckmeßgerät wieder seine ursprüngliche Mittellage einnehmen.

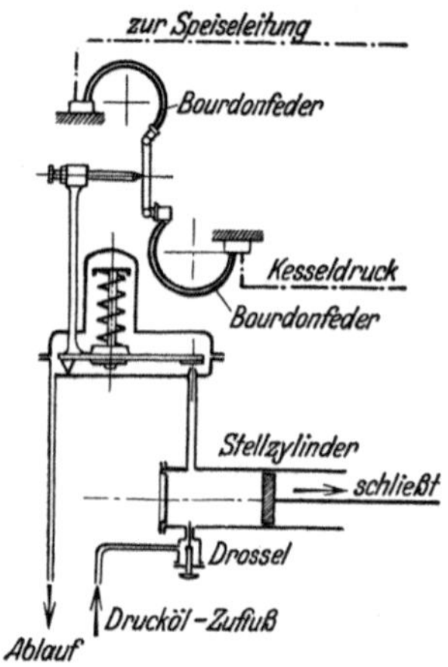

Abb. 54. Hilfskraft-Druckdifferenzregler der Arca-Regler-A.-G., Berlin-Schöneberg, betätigt durch Prallplatte in der Ölableitung.

Bei größeren absoluten Drücken werden zwecks höherer Regelgenauigkeit und Einhaltung kleiner Druckdifferenzen statt der Balgenmembranen Bourdonfedern verwendet. Die Anordnung solcher in einem Steuerwerk zeigt Abb. 54, das durch Veränderung des Ölausflusses aus der einer Prallplatte gegenüberstehenden Düse zur Wirkung kommt. Nimmt z. B. der Speiseleitungsdruck zu oder der Kesseldruck ab, so nähert sich die Prallplatte der Düse; dadurch kann das durch die Drosselstelle dem Kraftzylinder ständig zufließende Öl nicht mehr in dem Maß wie früher ablaufen und drängt dessen Kolben nach außen, dabei eine Steuerbewegung einleitend, die die Drehzahl der Turbine verringert und den Drucküberschuß der Leitung gegen Kessel wieder auf den ursprünglichen Wert bringt.

5. Bauliche Anordnung.

Mehrstufige Kreiselpumpen werden mit der Turbine im wesentlichen ebenso wie mit elektrischen Motoren zusammengebaut: sie werden elastisch gekuppelt und auf einer beiden gemeinsamen gußeisernen Grundplatte aufgestellt. Die Zwischenschaltung gekapselter Zahnradgetriebe kann auch hier in Frage kommen; jedoch handelt es sich dann um Übersetzung ins Langsame, um die Turbine zwecks Erzielung geringeren Dampfverbrauches mit höherer Drehzahl als die Kreiselpumpe betreiben zu können. Eine Erhöhung der Drehzahl von 3800 auf 9000 U/min kann beispielsweise eine Dampfersparnis von rund 30% ergeben.[1]

Bei nicht allzu hohem Kesseldruck und genügend großer Liefermenge ist mit hoher Turbinendrehzahl die erforderliche Förderhöhe in einer Stufe zu erreichen. Dann kann das Laufrad der Pumpe fliegend auf der Turbinenwelle angebracht und das Pumpengehäuse an dem der Turbine angeflanscht werden (Abb. 48).

VI. Speisepumpenregler.

A. Verhalten selbsttätiger Regler.

1. Aufgabe der Regler.

Jeder selbsttätige Regler hat die Aufgabe, eine für den ordnungsmäßigen Betrieb einer Anlage wichtige Zustandsgröße, wie z. B. die Drehzahl einer Kraftmaschine, den Dampfdruck in einem Rohrnetz, den Wasserstand in einem Kessel, unverändert zu erhalten und zu diesem Zweck die Leistung der Anlage mit dem jeweiligen Verbrauch (der Belastung) ins Gleichgewicht zu setzen. Zur Durchführung dieser Aufgabe sind im wesentlichen erforderlich: das Meßgerät für die Zustandsgröße (Fliehkraftpendel, Manometer, Schwimmer), oft auch als Regler schlechtweg bezeichnet; das die Leistung beeinflussende Regelorgan und das die Übertragung von Regler auf Regelorgan besorgende Stellzeug.

2. Begriffsbestimmungen.

Das Gleichgewicht zwischen Verbrauch und Abgabe kann dann nur immer erreicht werden, wenn jeder Belastungsgröße eine bestimmte Stellung des Regelorgans eindeutig zugeordnet ist. Mit Berücksichtigung der Übertragung durch das Stellzeug gilt diese Beziehung ebenso für den eigentlichen Regler. Soll dieser in der der augenblicklichen Belastung zugehörigen Stellung verbleiben, so müssen bei Verlassen der Stellung Kräfte frei werden, die ihn wieder in diese zurückführen. Dazu ist es notwendig, daß jeder anderen Stellung des Reglers ein anderer Wert

[1] Schöne, Betriebserfahrungen mit dem 120-at-Kraftwerk der Ilse-Bergbau-A. G. Sonderheft der Mitteilungen des VGB, Kommissionsverlag Springer.

der Zustandsgröße zugeordnet ist, bei der er im Gleichgewicht ist; d. h. der Regler muß einen Ungleichförmigkeitsgrad besitzen.

Bei Änderung der Zustandsgröße verläßt der Regler die bis dahin eingenommene Gleichgewichtslage erst dann, wenn die dadurch frei gewordenen Kräfte die Verstellung des Regelorgans durchführen können. Die dazu notwendige, verhältnismäßige Änderung der Zustandsgröße ist der Unempfindlichkeitsgrad. Eine unmittelbare Betätigung des Regelorgans durch das Meßgerät — ein direkter Regler — ist deshalb nur möglich, wenn die erforderlichen Verstellkräfte nicht zu groß werden oder bei solchen keine hohe Regelgenauigkeit verlangt ist. Sonst wird ein Regler mit Hilfskraft verwendet, bei dem das Meßgerät lediglich Impulsgeber ist und sein Stellzeug erst das Steuerwerk des Hilfskraftmotors, d. i. des Stellzylinders oder Stellsystems betätigt.

3. Stabilitätsbedingungen.

Die Bedingungen für richtiges Arbeiten des Reglers, d. h. daß er auf eine Störung des Gleichgewichts anspricht, ein neues binnen kürzerer Zeit herstellt und aufrechterhält, abzuleiten, erfordert umfangreiche Untersuchungen[1] mit Hilfe der höheren Analysis. Soweit die Ergebnisse notwendig sind, um die Konstruktionsbedingungen und die Arbeitsweise der hier betrachteten Regler verfolgen zu können, seien sie kurz nach Wünsch[2] wiedergegeben.

Der direkte Regler benötigt vor allem, wie schon oben auseinandergesetzt, einen Ungleichförmigkeitsgrad. Mit Rücksicht auf die Massen des Reglers, die zufolge der während des Regelvorganges ihnen erteilten Geschwindigkeiten eine Fortsetzung der Bewegung über die neue Gleichgewichtslage hinaus bewirken, ist eine Bremsung notwendig, die durch die natürliche Reibung erfolgen kann, besser aber durch eine Flüssigkeitsbremse besorgt wird (Abb. 52). Zu große Reibung ist jedoch schädlich, weil dann die Regelung ruckweise, also unstetig erfolgt. Ist für die Deckung steigenden bzw. Aufnahme verminderten Verbrauchs ein Speicher vorhanden (Schwungrad bei Drehzahlregelung, Wasserinhalt des Kessels bei Wasserstandregelung), so ändert sich die Zustandsgröße nur langsam, eine Bremse wird dann entbehrlich. Folgt die Zustandsgröße dem Eingriff des Reglers sofort, weil keine Speicherwirkung vorhanden ist (Druck in der Speiseleitung bei der Druckdifferenzregelung), so ist die Regelung an sich stabil.

Beim indirekten Regler (Regler mit Hilfskraft) ist zu unterscheiden, ob das System selbsttätig einen neuen Beharrungszustand erreichen könnte (z. B. Kreiselpumpe mit steiler Kennlinie gegen Kessel veränderlichen Druckes), wo der Regler nur die Änderung der Zustandsgrößen

---

[1] Tolle, Regelung der Kraftmaschinen, 3. Aufl., bei Springer, Berlin 1921. — Stein, Regelung und Ausgleich in Dampfanlagen. Springer, Berlin 1926.

[2] Wünsch, Regler für Druck und Menge. Oldenburg, München und Berlin 1930, S. 96 u. 99—101.

in engeren Grenzen zu halten hat; oder ob ein solcher Zusammenhang nicht besteht (Drehzahlregelung einer Kolbenkraftmaschine) und für die Begrenzung der Schwankungen während des Regelvorganges ein Speicher notwendig (Schwungrad) oder dem System an sich eigen ist (Wasserinhalt des Kessels). In diesem zweiten Fall ist der Regelvorgang erst dann beendet, wenn bei Erreichen der neuen Gleichgewichtslage auch das durch die geänderte Zustandsgröße in Schaltstellung befindliche Steuerwerk wieder in die Mittellage gebracht ist. Zu diesem Zweck ist das Steuerwerk (das vom Meßgerät betätigt wird) auch noch vom Regelorgan bzw. seinem Stellzeug her zu beeinflussen, so daß das Steuerwerk bei verschiedenen Lagen des Meßgerätes, in seine Mittellage gebracht, „rückgeführt" werden kann; die Verbindung zwischen Stellzeug und Steuerwerk wird darnach Rückführung genannt. Sie stellt den Ungleichförmigkeitsgrad des indirekten Reglers ein, insofern als die verschiedenen Gleichgewichtslagen verschiedenen Stellungen des Meßgerätes, d. i. verschiedenen Werten der Zustandsgröße entsprechen. Wird eine Stangenlänge im Rückführungsgestänge mit veränderlicher Länge ausgeführt, z. B. mit Hilfe eines Ölkataraktes (Abb. 53), dann besteht der Ungleichförmigkeitsgrad nur während des Regelvorganges und ist ein vorübergehender, der bleibende ist null. Mit Rücksicht auf Massenwirkungen und Verzögerungen der Regelung wird eine Rückführung zwecks Verbesserung der Regelgenauigkeit auch häufig dort verwendet, wo sie wegen der Eigenstabilität des Systems an sich nicht notwendig wäre, z. B. bei Druckdifferenzreglern. Immer ist sie bei indirekten Wasserstandsreglern erforderlich.

B. Speiseregler.

1. Arbeitsweise.

Übermäßige Absenkung des Wasserspiegels gefährdet den Bestand des Kessels, zu hohes Ansteigen beeinträchtigt die Dampferzeugung. Zur Unterstützung des Bedienungspersonals in der Erfüllung der wichtigen Aufgabe, den Wasserstand in einer mittleren Lage zu erhalten, wird die Speisewassermenge von einem selbsttätigen Regler eingestellt. Dadurch, daß ein solcher rechtzeitig eingreift, nicht erst Absenkungen auftreten können, die rasch wieder aufzufüllen wären, besorgt der Speiseregler die Anpassung der Speisung an die jeweilige Dampfentnahme vollkommener, als es dem aufmerksamsten Kesselwärter möglich wäre; er verbessert die Brennstoffausnützung und schont den Kessel (vgl. S. 6). Im übrigen arbeitet er ebenso wie der Kesselwärter, indem er bei größer werdender Last, wenn der Wasserstand zu sinken beginnt, die Wasserzufuhr erhöht; bei abnehmender Last, wenn er steigt, drosselt. Da der selbsttätige Regler ohne Verspätung zur Wirkung kommt, unterliegt der Regelvorgang noch Nebeneinflüssen. Denn der Wasserstand ist im wesentlichen wohl durch den Kesselinhalt, außerdem aber durch seine Temperatur (Raumgewicht!) und die im Wasser aufsteigenden Dampfblasen bestimmt; stärkere Dampferzeugung hebt dadurch anfänglich den Wasserstand. In Schräg- und

Steilrohrkesseln ist auch die Meßstelle von Bedeutung, weil mit Rücksicht auf den Wasserumlauf der Wasserstand vorne höher sein muß als hinten und dieser Unterschied, der etwa mit dem Quadrat der Last zunimmt, bei großer Last bedeutend ist und bei kleiner nahezu ganz verschwindet.

Die mit dem Wasserinhalt veränderliche Lage des Wasserstandes (hoch bei kleiner, niedrig bei großer Last) ergibt für den Regler den erforderlichen Ungleichförmigkeitsgrad und erlaubt die Ausnützung der Speicherwirkung im Kessel. Diese auszunützen, wird noch dadurch unterstützt, daß bei zunehmender Last, wenn die in größerer Zahl aufsteigenden Dampfblasen den Wasserstand in die Höhe treiben, zuerst die Wasserzufuhr gedrosselt wird. In der Zwischenzeit, bis das trägere Feuer dem neuen Zustand angepaßt ist, reicht die vorhandene Feuerstärke für die verstärkte Dampfentnahme aus, weil dann weniger Wärme für die Flüssigkeitswärme aufzuwenden ist.

2. Reglerteile.

a) Impulsgeber. Als Hilfsmittel für die Übertragung der Wasserspiegellage auf das Regelorgan bzw. das verbindende Getriebe werden verwendet:

1. Hohle Schwimmer. Die Ausführung Abb. 55 und ihr ähnlich der Regler von Schiff & Stern, Leipzig-Wien, haben nur geringen Platzbedarf und benötigen keine Stopfbüchse zur Übertragung vom Schwimmer auf das Ventil; hingegen ist die Drehachse nicht gegen Steinansatz geschützt, auch versagen sie bei Undichtwerden des Schwimmers. Da sie einfach anzubringen sind, sind sie für kleinere Anlagen zu empfehlen.

2. Durch Gegengewicht ausgeglichener Tauchkörper.

3. In Abhängigkeit vom veränderlichen Wasserstand verschieden hoch mit Wasser gefülltes Gefäß, in dem dadurch der Bodendruck wechselt.

4. Ausdehnungsrohr, das je nach Wasserstand auf kleineren oder größeren Teil mit Dampf gefüllt ist und dadurch verschiedene Längen annimmt.

b) Regelorgan. Für Kreiselpumpen wird ein Drosselventil in die Speiseleitung eingebaut. Bei Dampfkolben- und bei Dampfturbopumpen kann der Frischdampf vom Regelventil gedrosselt werden.

Als Drosselventile werden sowohl in der Speiseleitung als auch in der Dampfleitung Doppelsitzventile verwendet (Abb. 55, 56), die zwar nicht vollkommen entlastet sind und deshalb in der Nähe der Schlußstellung zum Flattern neigen und bei zu großem Leitungsüberdruck sogar aufgedrückt werden können; doch ergeben sie bei nicht zu großen Durchmessern, wo ungleichmäßige Ausdehnung infolge ungleichmäßiger Erwärmung stören kann, gute Abdichtung und sind sie gegen Verunreinigungen durch das Speisewasser wenig empfindlich. Vollkommen entlastet sind die Rohrkolbenschieber der Copes-Ventile (Abb. 60), welche geringste Verstellkräfte erfordern und nicht überdrückt werden können; Verunreinigungen, Steinansatz oder dgl. bewirken aber Klemmen und bedingen dann um so größere Verstellkräfte. Beste Abdichtung gibt dauernd ein Einsitzventil; solche verlangen bedeutende Feststellkräfte, auch muß der Regler einen großen Rückdruck aufnehmen können, um Flattern zu vermeiden, weshalb sie nur in Verbindung mit indirekten Reglern verwendet werden.

Die Regelventile dürfen nicht zu groß bemessen werden, sonst üben sie erst in Nähe der Schlußstellung eine merkbare Drosselung aus und im größten Teil des Hubes wird keine merkbare Verringerung der Durchflußmenge bewirkt. Ungleiche Ausnützung des Regelhubes beeinträchtigt dann die Regelgenauigkeit; das ständige Arbeiten bei ganz kleiner Eröffnung begünstigt Anfressungen im Ventilsitz.

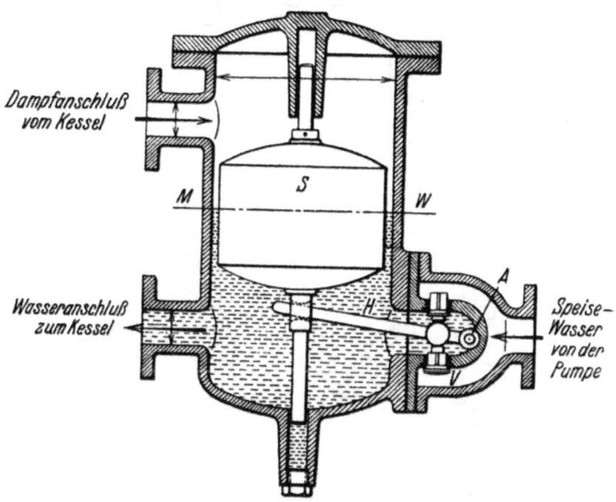

Abb. 55. Hohlschwimmer-Speiseregler. Ausführung C. F. Scheer & Cie., Feuerbach-Stuttgart. Für dampfgetriebene Pumpen wird das vom Schwimmer betätigte Drosselventil in die Dampfzuleitung zur Pumpe anstatt in die Speiseleitung gesetzt.

3. Ausführungen.

Der Hannemann-Regler „Direkt"[1] (Abb. 56) ist durch den massiven Tauchkörper Y gekennzeichnet, dessen Gewicht im Wasser durch das Gegengewicht J ausgeglichen ist. Durch die im Wassersack liegende Welle G_1 mit der stopfbüchsenlosen Lagerung in Gummimanschetten (vgl. Abb. 52) wird die Bewegung des Tauchkörpers auf zwei Hebel R und von diesen mittels Stahlbandes N_1 auf das Regelventil C übertragen. Der durch den Höhenunterschied der Wasserspiegelgrenzlagen dargestellte Ungleichförmigkeitsgrad gewährleistet unbedingte Stabilität. Trotz der großen Masse des Tauchkörpers tritt ein Überregeln nicht auf, weil er sofort jeder Änderung des Wasserstandes folgt und bei der von Verspätungen freien Regelung keine großen Geschwindigkeiten entstehen.

Einen Hohlschwimmer verwendet der mit Öldruck arbeitende Regler nach Abb. 57 (Steuerwerk wie bei Abb. 54), der durch die stopfbüchsenlose Durchführung bemerkenswert ist; die Umgehung jeder Art von Abdichtung ist für die Betriebssicherheit von Vorteil.

Zu der oben genannten Gruppe 3, Gefäß mit veränderlichem Bodendruck, zählt die Quecksilberwaage der Askania-Werke[2] (Abb. 58). Eine Seite der Waage (+) steht unter konstantem Druck entsprechend dem mit dem Dampfraum verbundenen Kondensatgefäß; die andere (—)

[1] Balcke, Das Kriterium der Hannemann-Regler. Im Verlag der Firma (1931).

[2] Wünsch, a. a. O., S. 58 u. 166.

wird durch einen vom Wasserstand abhängigen veränderlichen Druck belastet. Bei Änderung des Druckes tritt Quecksilber aus einem Gefäß ins andere über, wodurch die Waage ausschlägt und das Strahlrohr verschwenkt. Der Druckunterschied in beiden Quecksilbergefäßen für die Mittellage des Wasserspiegels ist durch Gewicht oder Feder auszugleichen. Der Regler arbeitet ohne Verzögerung, da die zu den beiden

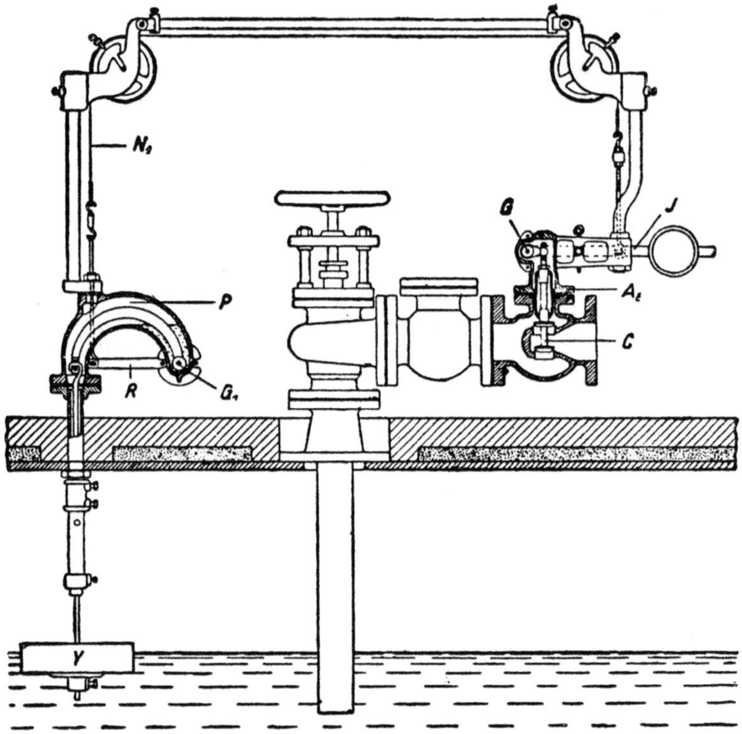

Abb. 56. Speiseregler der Hannemann-G. m. b. H., Berlin-Frohnau. Type „Direkt" mit Tauchkörper und Stahlbandübertragung auf das Regelventil.

Gefäßen führenden Anschlußleitungen als Nickel-Kapillaren der Bewegung der auf Schneiden gelagerten Waage keinen Widerstand entgegensetzen. Da nicht die Höhe des Wasserspiegels als solche, sondern nur der mit dem Wasserstand sich ändernde Bodendruck den Regelimpuls gibt, kommt das durch Dampfblasenbildung verursachte Aufwallen bei Laststeigerung bzw. das Zusammenfallen bei Lastminderung nicht vcll zur Wirkung; denn das stark mit Dampf vermischte Wasser ist spezifisch leichter, also ändert sich der Bodendruck nicht proportional mit der Höhenlage des Wasserspiegels, sondern in diesem Fall langsamer. Deshalb kommt die sonst bei Einsetzen der Laststeigerung ausgelöste Drosselung in der

Speisewasserzufuhr nur teilweise zur Geltung. Eine Beeinträchtigung der Speicherausnützung ist deswegen nicht zu befürchten, hingegen wird dadurch Überregeln sicher vermieden. Dargestellt ist der Regler mit starrer (mechanischer) Rückführung, für welche der Ungleichförmigkeitsgrad am federbelasteten Hebel eingestellt werden kann. Für die Übertragung des großen Hubs am Stellzylinder auf den kleinen Hub des Strahlrohrs dient eine Schraubenspindel, deren Mutter durch den Rückführhebel verdreht wird, wobei die Spindel eine Längsbewegung ausführt. Um den Wasserstandsregler mit einem großen Ungleichförmigkeitsgrad ausstatten zu können, der sich aber nicht dauernd auswirken darf, kann er mit einer nachgiebigen hydraulischen Rückführung nach Abb. 53 ausgerüstet werden. Umgerechnet auf 100% Laständerung, die auch in dem seltenen Fall, wo sie auftritt, sich infolge der Wärmeträgheit des Kessels nicht voll auswirkt, sind vorübergehende Ungleichförmigkeiten von 1 m und mehr möglich; damit steht für den Ausgleich kurzzeitiger Laständerungen ein wertvolles Hilfsmittel zur Verfügung, ohne daß zwischen höchster und tiefster Lage des Wasserspiegels ein größerer bleibender Unterschied auftritt. Dieses Verhalten ist nicht nur durch Betriebserfahrungen bestätigt,[1] sondern auch durch eigene, unter scharfen Bedingungen durchgeführte Reglerversuche;[2] diese ergaben z. B. bei Steigerung der Belastung von rund Halblast auf Höchstlast innerhalb 2 min zuerst ein Steigen des Wasserstandes um 9 mm, hierauf ein Absenken um 25 mm, also eine Gesamtschwankung von 34 mm. Bei einer Störung, bei der plötzlich das ganze Werk spannungslos wurde, waren die größten Ausschläge in den einzelnen Kesseln $\pm$ 50 bis 60 mm. Bei gleichbleibender Last schwankte der Wasserstand in einem Bereich von 12 bis 13 mm.

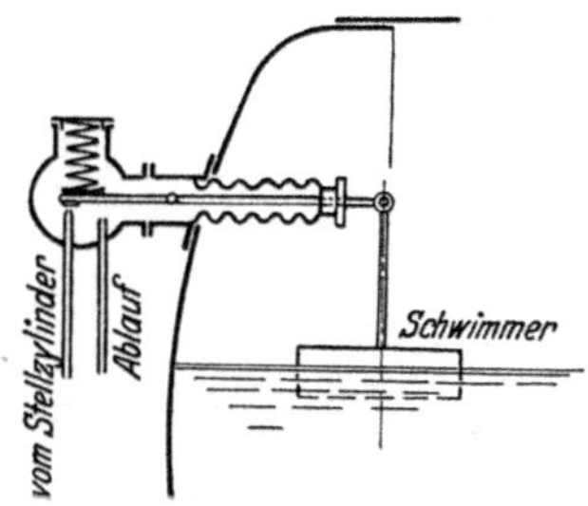

Abb. 57. Hohlschwimmer-Speiseregler der Arca-Regler-A. G., Berlin-Schöneberg, mit stopfbüchsenloser Durchführung, Steuerwerk mit Prallplatte in der Ölableitung.

Die veränderliche Füllung des an den Wasserraum angeschlossenen Quecksilbergefäßes kann auch durch einen in diesem befindlichen Schwimmer statt durch Ausschläge der Waage auf das Steuerwerk übertragen werden. Diese Ausführung zeigt der Arca-Wasserstandsregler.[3]

Ein Gefäß mit veränderlicher Wasserfüllung, in deren Abhängigkeit eine Feder mehr oder weniger zusammengedrückt und Druckwasser-

[1] Vgl. Fußnote S. 101.

[2] Die Versuche wurden vom Badischen Revisionsverein im Kraftwerk Mannheim ausgeführt. Die Zahlenwerte sind einer Mitteilung der Askania-Werke entnommen, die bisher noch nicht veröffentlicht wurde.

[3] Vgl. Arch. Wärmewirtschaft, Bd. 15, 1934, S. 105.

zufluß zu einem Stellzylinder gesteuert wird, verwendet der Dabeg-Regler.[1] (Dabeg, Wien.)

Durch Ausdehnung eines zum Teil mit Dampf, zum Teil mit Wasser gefüllten Rohres arbeitet der Copes-Regler der Northern Equipment Co., Erie U. S. A., ausgeführt durch die Feuerungsanlagen A. G., Heidelberg, und Hübner & Mayer, Wien, Abb. 59. Das schräg liegende Rohr wirkt als Thermostat, indem es mit seinem unteren Ende durch ungeschützte Rohre (Abkühlung!) mit dem Wasserraum, oben durch wärmeisoliertes Rohr mit dem Dampfraum verbunden wird. Unter Vernachlässigung des etwas größeren spezifischen Gewichtes des gekühlten Wassers im Ausdehnungsrohr ist in diesem der Wasserstand der gleiche wie im Kessel. Sinkt der Wasserstand infolge erhöhter Dampfentnahme, so wird ein größerer Rohrteil mit Dampf gefüllt, erwärmt sich und dehnt sich aus, wodurch das Regelventil geöffnet wird. Da die Wärmeübertragung einer gewissen Spanne Zeit bedarf, greift der Regler mit Verspätung ein. Doch sind die Vorgänge bei Abkühlung und Erwärmung des Rohres nicht von symmetrischem Ablauf. Die Erwärmung bei sinkendem Wasserstand durch den in das Rohr eintretenden Dampf geht verhältnismäßig rasch vor sich und läßt das Ventil fast ohne Verzögerung öffnen. Die Wärmeabfuhr durch das bei steigendem Wasserspiegel in das Rohr eintretende Wasser kann nur langsam erfolgen; bei Lastminderung kommt der Regler verspätet zur Wirkung, wodurch der Regelvorgang in längeren Pendelungen ausklingt[2,3]. Aber auch bei einer Laststeigerung, die mit vorübergehendem Ansteigen des Wasserspiegels einsetzt, wird der Regler nicht sofort mit der entsprechenden Drosselung antworten, sondern noch eine Zeit unverändert speisen. Besitzt der Kessel eine sehr elastische

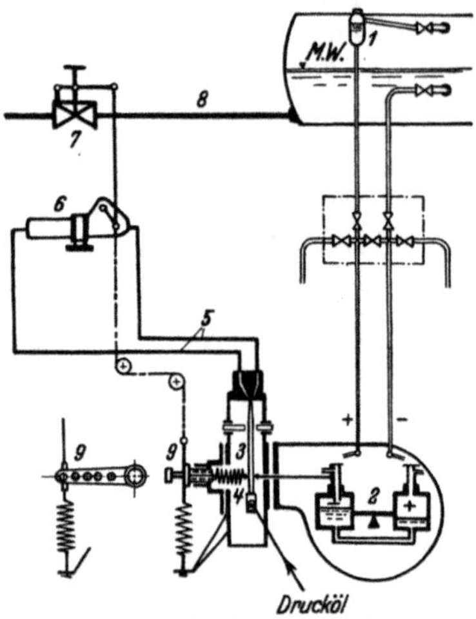

Abb. 58. Hilfskraft-Speiseregler der Askania-Werke, Berlin-Friedenau. *1* Kondensgefäß mit unveränderlichem Wasserspiegel, *2* Quecksilberwaage, *3* Strahlrohr, *4* Feder zum Ausgleich des Höhenunterschiedes zwischen Normalwasserstand im Kessel und Wasserstand im Kondensgefäß, *5* Ölleitungen, *6* Stellzylinder, *7* Regelventil, *8* Speiseleitung, *9* mechanische Rückführung.

[1] Luithlen, Über selbsttätige Speisewasserregler. Sparwirtschaft, Bd. 8, 1930, S. 169 u. 233.

[2] Vgl. Fußnote 1, S. 76.

[3] Boie, Dampfmengengesteuerter Speiseregler. „Die Wärme", Bd. 56, 1933, S. 183. — Bei den im Kraftwerk Böhlen vorgenommenen Elastizitätsversuchen wurden bei Lastminderung Schwankungen der Speisung von rund 20 Minuten Dauer beobachtet.

Feuerung, wie es insbesondere Staubfeuerungen sind, so wird durch die anhaltende Speisung die erhöhte Dampfbildung nicht gehemmt. Unter dem Zusammenwirken beider Umstände steigt dann der Wasserspiegel besonders hoch und wird — gar wenn sehr niedrige Belastung mit hohem Wasserstand vorausgegangen ist — aus dem Glas verschwinden. — Das Ausdehnungsrohr ergibt sehr große Verstellkräfte und das Rohrschieberventil ist leicht zu verstellen, so daß dank beider Umstände noch bei großen Leistungen direkte Regelung unter Verwendung des Thermostaten möglich ist.

4. Leistungs-Speiseregler.

Wird die Speisewasserzufuhr nicht allein vom Wasserstand, sondern auch von der augenblicklichen Dampfleistung beeinflußt, so läßt sich das Überspeisen durch den Thermostatregler vermeiden. Damit könnte auch eine Regelung erreicht werden, die hoher Last hohen und kleiner Last niedrigen Wasserstand zuordnet. Das ist aber weder notwendig noch erwünscht: es wird eine Verbindung zweier Regler in Abhängigkeit vom Wasserstand und von der Leistung benützt, die den höchsten Wasserstand der Nullast und der Vollast zuordnet und den tiefsten Stand etwa bei halber Last erreicht. Zu diesem Zweck wird neben dem Wasserstands-Thermostaten ein Leistungs-Thermostat vorgesehen, der bei steigender Geschwindigkeit im Hauptdampfrohr das Regelventil öffnet. Durch Verbindung der zwei Thermostaten kann die Verzögerung bei der Abkühlung für den Regelvorgang unschädlich gemacht werden, wenn die Schaltung derart getroffen ist, daß Erwärmung des Wasserstands-Thermostaten und Abkühlung des Leistungs-Thermostaten Öffnen, umgekehrt Abkühlung des Wasserstands-Thermostaten und Erwärmung des Leistungs-Thermostaten Schließen des Regelventils bewirkt.[1]

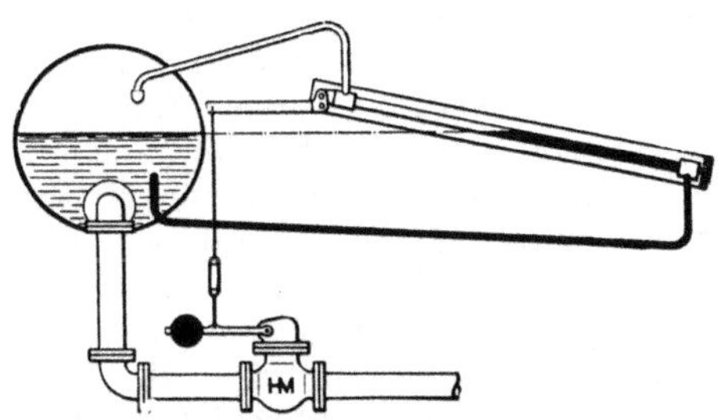

Abb. 59. Copes-Speiseregler mit Ausdehnungs-(Thermostat-)rohr, ausgeführt durch die Feuerungs-Anlagen-A.-G., Heidelberg, und Hübner & Mayer, Wien.

Die Speisung lediglich durch den Leistungs-Thermostaten regeln zu lassen, ist gleichfalls wegen Gefahr des Überspeisens nicht angängig. Der Ungleichförmigkeitsgrad der Wasserstandsregelung ist nicht nur wegen Ausnützung der Speicherwirkung erwünscht,[2] sondern im Wesen

---

[1] Vgl. Fußnote 3, S. 108.

[2] Bei Hochleistungskesseln ist die Speichermöglichkeit wohl sehr gering, auch wegen der hohen Elastizität der Feuerung nicht mehr von solcher Bedeutung. Trotzdem heißt es in dem schon angeführten Bericht über Elastizitätsversuche (vgl. Fußnote 1, S. 76): „Die Mithilfe des Speisewasserreglers

des Vorgangs begründet. Nur wenn der steigenden Dampfentnahme, die jedenfalls steigende Speisewasserzufuhr erfordert und sie mit Hilfe des Reglers auch herbeiführt, eine Senkung des Wasserstandes entspricht, wird dieser Änderung durch Einsetzen der erhöhten Speisung von selbst eine Grenze gesetzt, ist die Regelung stabil. Steigen des Wasserspiegels bei steigender Dampfentnahme wird durch die darauf folgende vermehrte Speisung noch weiter unterstützt, eine solche Regelung ist an sich labil. Durch eine Rückführung kann dieser Gefahr natürlich nur bei einem indirekten Regler begegnet werden, direkte Regler haben eine solche nicht; auch wirkt die Rückführung nur durch einen positiven Ungleichförmigkeitsgrad, d. h. durch Zuordnung sinkenden Wasserspiegels zu steigender Last. Deshalb baut die Northern Equipment Co., bestimmt für die Verbindung mit einem einfachen Wasserstands-Thermostaten, einen indirekten, von der Dampfleistung beeinflußten Regler: der mit steigender Dampfentnahme zunehmende Druckabfall im Überhitzer läßt das Steuerwerk eines Öldruckreglers öffnen und der bei der erhöhten Speisung zunehmende Druckabfall im Economiser bewirkt die Rückführung.

Die Forderung nach hohem Wasserstand bei hoher Last wird unnötig, wenn der Regler auf beginnende Spiegelhebung sofort anspricht und wenn er ohne große Ungleichförmigkeit arbeitet, weil dann auch bei kleiner Last der Wasserspiegel nicht so hoch liegt, daß er bei Hochfahren über dem oberen Ende des Schauglases verschwinden könnte. Mit kleinem Ungleichförmigkeitsgrad darf der direkte Regler arbeiten, sofern er jeder Änderung unmittelbar folgt, oder der indirekte Regler mit nachgiebiger Rückführung, dessen vorübergehender Ungleichförmigkeitsgrad genügend groß gehalten werden kann. Deshalb ist in größeren Anlagen die Einrichtung für Erzeugung der Hilfskraft nicht mehr als lästige Beigabe anzusehen; ebenso wie für die Regelung von Kraftmaschinen gewinnt der indirekte Regler auch für die Speiseregelung zur Bewältigung großer Leistungen und Erreichung hoher Regelgenauigkeit an Bedeutung. Für Kessel kleiner und mittlerer Leistung, insbesondere solche mäßiger Heizflächenbelastung, wird auch der direkte Wasserstandsregler einwandfreie Regelung erzielen.

C. Druckregler.

1. Speiseregler und Pumpe.

Der eindeutige Zusammenhang zwischen Reglerstellung und geregelter Menge, der als eine notwendige Bedingung für die Brauchbarkeit jedes Reglers festgestellt worden ist, wird gestört, wenn sich vor oder hinter dem Speiseregelventil der Druck einseitig ändert. Die durch Drosselung vom Regelventil eingestellte Wassermenge Q ist eben einfach die Durch-

---

bei Laständerungen ist bei der Kohlenstaubfeuerung nicht entfernt mehr so wichtig wie etwa bei den trägen festen Treppenrosten, bleibt aber gleichwohl für den laufenden Betrieb angenehm.“

flußmenge, die unter dem Druckunterschied ΔP vor und hinter dem Ventil durch den freien Ventilquerschnitt f hindurchgeht:

$$Q = \mu \, . \, f \, . \sqrt{2 g \frac{\Delta P}{\gamma}}, \tag{31}$$

wo μ der Ausflußbeiwert und γ das Raumgewicht ist, alle Größen auf m, sk und kg bezogen. Sie wird also nicht nur durch Veränderung der Ventilöffnung, sondern auch durch Veränderung der Drücke beeinflußt. Da der Pumpendruck sich nur nach Maßgabe des zu überwindenden Druckes einstellt, wird eine einseitige Änderung des Druckes auf der Kesselseite des Speiseregelventils zwar auch pumpenseitig bemerkbar; infolge Veränderung der Liefermenge der Pumpe bei geändertem Gegendruck und Änderung des zugehörigen Drosselwiderstandes bleibt die Druckdifferenz vor und hinter dem Ventil nicht unverändert erhalten. Eine Abnahme des Druckes im Kessel (oder eine Zunahme des Druckes in der Speiseleitung, wie sie z. B. bei Abschalten eines Kessels von mehreren parallel betriebenen auftreten kann) hat stets eine Zunahme der Speisemenge zur Folge. Für die mit konstanter Drehzahl (d. i. durch Elektromotor oder Dampfturbine mit Fliehkraftregler) betriebene Kreiselpumpe folgt dies aus dem Verlauf der Kennlinie (vgl. Abb. 41). Bei Antrieb durch eine Dampfturbine ohne Regler, deren Drehzahl sich gemäß der Belastung selbsttätig einstellt, nimmt die Liefermenge bei fallender Förderhöhe um so stärker zu, als dadurch auch die Drehzahl steigt. Ist die Abnahme des Kesseldruckes am Eintritt in die Turbine noch fühlbar, was im allgemeinen, wo doch der normale Betrieb mit gedrosseltem Frischdampf geführt wird, nur abgeschwächt der Fall ist, so nimmt die Drehzahl in geringem Maße ab, aber die Liefermenge bei nicht übermäßig steiler Pumpenkennlinie trotzdem zu. Ähnlich verhält sich auch die Dampfkolbenpumpe.

Auch wenn der Speiseregler bei dampfgetriebenen Pumpen nicht auf die Speiseleitung, sondern auf die Dampfzuleitung arbeitet, folgt aus einer einseitigen Druckänderung die Änderung der Speisewassermenge wie vor.

Infolge übermäßiger Speisung geht die Dampferzeugung zurück, der Dampfdruck fällt und bewirkt dadurch eine weitere Zunahme der durch das Speiseventil tretenden Wassermenge. Schließlich wird das Ansteigen des Wasserstandes den Regler zu drosseln veranlassen, und zwar wird wegen der großen Druckdifferenz sehr stark gedrosselt. Nun nimmt zufolge der verringerten Speisung die Dampfbildung zu und der Dampfdruck steigt, so daß durch das gedrosselte Ventil noch weniger Wasser zufließt, was weiter die Dampfbildung fördert und den Druck steigen läßt. Durch die übermäßig verringerte Speisung fällt der Wasserspiegel und der Regler beginnt zu öffnen; wegen des hohen Dampfdruckes tritt aber auch durch das schon geöffnete Regelventil noch immer zu wenig Wasser in den Kessel, der Wasserstand nimmt weiter ab und führt zu übermäßigem Öffnen des Ventils. Wenn dadurch wieder richtiger Wasserstand erreicht ist, geht noch immer jene größere Wassermenge durch, die zum Ausgleich der vorausgegangenen Absenkung notwendig gewesen ist; jetzt bewirkt die zu starke Speisung Verringerung der Dampfbildung, Abnahme des Druckes und damit weitere Steigerung der zufließenden Wassermenge, so daß also das Spiel von neuem beginnt.

2. Druckdifferenzregler.

Der Druckdifferenzregler dient also nicht nur als Kraftmaschinenregler für die die Pumpe treibende Turbine (Dampfzylinder der Dampfkolbenpumpe); er bezweckt vielmehr vor allem, dem Speiseregler gleichbleibende Arbeitsbedingungen zu verschaffen und Schwingungen in der Speisung zu verhüten. Bei Kreiselpumpen mit Dampfturbinenantrieb wird dieses Ziel durch Änderung der Drehzahl (mit Hilfe unmittelbarer Frischdampfdrosselung, z. B. Abb. 47 und 51; vgl. aber auch Abb. 53; oder über Düsenregelung) erreicht. Bei elektrisch angetriebenen Pumpen, bei denen die Drehzahlverstellung nur umständlich durchzuführen ist (vgl. S. 87 und 88), wird in der Regel[1] wie bei allen anderen Antrieben mit gleichbleibender Drehzahl der zusätzliche Druck vor dem Speiseregelventil abgedrosselt. Der Druckregler kann auch dann dampfseitig eingreifen, wenn schon der Speiseregler die Dampfzuleitung beherrscht, oder ebenso können beide wasserseitig die Regelung besorgen. Es wäre sogar möglich, ohne ein eigenes Regelorgan für den Druckdifferenzregler auszukommen, wenn dieser etwa eine Verstellung in der Übertragung (dem Stellzeug) vom Speiseregler auf dessen Regelorgan vornähme. Eine dieser Lösung nahekommende Ausführung zeigt Abb. 60 als vereinigtes Speise- und Druckregelventil. Das Speiseregelventil wird durch Gewichtswirkung geöffnet und durch den Thermostaten entgegen dem Gewicht geschlossen. Das Druckregelventil wird durch eine Balgenmembran (Wellrohr) gesteuert, die außen durch den Druck vor, innen über eine Leitung durch den Druck hinter dem Speiseregelventil belastet ist. Durch Öffnen des kleinen Ventils A und Schließen von B

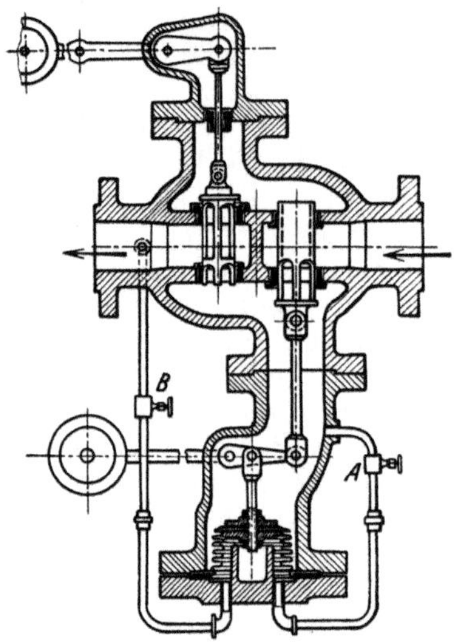

Abb. 60. Vereinigtes Copes-Speise- und Druck-Regelventil. Ausführung Feuerungs-Anlagen-A.-G., Heidelberg, und Hübner & Mayer, Wien.

[1] Doch werden Druckdifferenzregler auch in Verbindung mit dem Nebenschlußregler eines Gleichstrommotors oder dem Regeltransformator einer Drehstrom-Regelkaskade für die Drehzahlverstellung der Speisepumpe benützt.

wird innerhalb der Membran derselbe Druck wie außen hergestellt und somit das Druckregelventil außer Tätigkeit gesetzt, weil das Gewicht, dem die Einstellung der konstant zu haltenden Druckdifferenz obliegt, es nun ganz öffnet. Beide Ventile sind mit statisch und dynamisch (d. i. gegen Strömungsrückdruck) vollkommen entlasteten Kolbenschiebern ausgestattet.

In Verbindung mit einem Druckdifferenzregler kann ein Speiseregler auch für Kolbenpumpen mit zwangläufigem Antrieb (Kurbelpumpe oder Drehkolbenpumpe unveränderlicher Drehzahl) verwendet werden. Ein Drosseln des Speiseregelventils in der Speiseleitung würde ein rasches Ansteigen des Druckes bewirken, wodurch ein Druckdifferenzregler betätigt werden kann, der überschüssig gefördertes Wasser in den Speisewasserbehälter zurückleitet. Dann bleibt die von der Pumpe gelieferte Wassermenge immer gleich und je nach Stellung des Speiseregelventils und zugehöriger Stellung des Druckregelventils wird sie verschieden auf Speise- und Rücklaufleitung aufgeteilt.

3. Schaltung.

a) Druckmessung. Die als Maschinenregler dienenden Druckdifferenzregler werden von dem Druck am Eintritt in die Turbine einerseits und vom Druck am Pumpenstutzen anderseits beeinflußt. Zufolge des mit steigendem Dampfverbrauch der Turbine quadratisch zunehmenden Druckabfalls in der Dampfzuleitung wird dann am Pumpenstutzen ein mit fallender Liefermenge steigender Druck eingeregelt (Abb. 61, Linie I). Wird hingegen der Dampfdruck am Kessel entnommen, so bleibt der Druck am Pumpenstutzen für alle Liefermengen konstant, solange nur der Kesseldruck konstant bleibt (Linie II); die Pumpenkennlinie wird gewissermaßen zu einer waagrechten Geraden. Die vom Regler eingestellte Druckdifferenz Δp_1 bzw. Δp_2 muß so groß sein, daß bei Vollast der Pumpe der am Pumpenstutzen eingestellte Druck um die Widerstandshöhe der ganzen Speiseleitung Σh_r größer als der Kesseldruck ist; auch der Strömungswiderstand h_{so}, den das Speiseregelventil noch in ganz geöffneter Stellung aufweist, muß von dieser Pumpenförderhöhe bestritten werden. Um den Betrag, um den bei Teilmengen die Widerstandshöhe der Speiseleitung zurückgeht, ist die vom Speiseregelventil abzudrosselnde Höhe zu vermehren, das Speiseregelventil also zusätzlich zu schließen. Werden Leitungs- und Kesseldruck unmittelbar vor und hinter dem Speiseregelventil entnommen und zum Druckregler geführt, so bleibt mit der Druckdifferenz auch die Drosselhöhe am Speiseregelventil konstant; der Pumpendruck verläuft (für verschiedene Liefermengen und gleichbleibenden Kesseldruck) nach einer zur Rohrkennlinie Äquidistanten (Linie III). Dabei ist in allen drei Fällen vorausgesetzt, daß der Druckregler ohne Ungleichförmigkeit arbeitet. Die Einstellung einer bestimmten Teilliefermenge erfordert im Fall III die kleinste Drosselhöhe, nämlich immer nur gleich der Höhe h_{so} bei voller Öffnung, somit einen kleineren Anteil des ganzen Ventilhubes als im Fall I oder II. Da der für die Drosselhöhe maßgebende Beiwert k in: $h = k \cdot Q^2$ dem Quadrate des Hubes verkehrt proportional gesetzt werden kann, wird für den Fall III die Durchflußmenge proportional dem Hub geändert, was die beste Ausnützung des Ventilhubes und daher größte Regelgenauigkeit ergibt,[1] wogegen im Fall I und II für den Bereich der häufigst vorkommenden Teilmengen von 0 bis etwa $^3/_4$ weniger als die Hälfte des ganzen Hubes verbleibt. Da diese außerdem Bemessung des Druckreglers auf größere Druckdifferenz erfordern und höheren Kraftbedarf der Pumpe bedingen, ist immer darnach zu trachten, den Speiseleitungsdruck möglichst nahe dem Speiseregelventil, den Dampfdruck möglichst nahe dem Kessel oder besser noch in der Speiseleitung zwischen Kessel und Regelventil, und zwar diesem möglichst nahe zu entnehmen. Aus diesem Grunde wird in den als Maschinenregler dienenden Copes-Druckregelventilen (die im übrigen so wie der Druckregelteil des vereinigten Regelventils nach Abb. 60 ausgeführt sind) die Membran in eine vom eigentlichen Ventilgehäuse getrennte Kammer gesetzt, so daß die die Membran belastenden Drücke an beliebiger Stelle entnommen werden können.

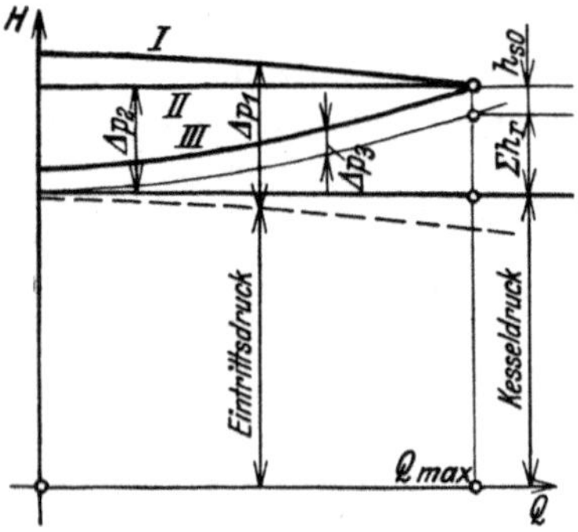

Abb. 61. Verlauf der von einem Druckdifferenzregler eingestellten Pumpenförderhöhe bei gleichbleibendem Kesseldruck und bei Druckmessung: *I* am Eintritt in die Turbine und am Pumpenstutzen, *II* am Kessel und am Pumpenstutzen, *III* unmittelbar vor und hinter dem Speiseregelventil.

b) Parallelbetrieb. Wird die Speisung von mehreren Pumpen im Parallelbetrieb besorgt, so ist jede für sich mit einem Druckdifferenzregelventil auszustatten; andernfalls könnte es geschehen, daß bei einer Teilliefermenge eine Pumpe mit flacherer Kennlinie nicht mehr an der Förderung teilnähme und durch Arbeiten im Totwasser unzulässig erwärmt würde. Die einzelnen Regelventile können, falls es ihre örtliche Anordnung und die Bemessung des Kraftzylinders bei indirektem Regler erlaubt, durch eine gemeinsame Regulierwelle bedient werden. Auch eine Betätigung mehrerer Kraftzylinder durch ein gemeinsames Steuerwerk ist möglich. Und schließlich kann jeder Pumpe ein eigener vollständiger Druckregler zugeordnet werden. Dabei ist es grundsätzlich gleichgültig, ob der Regler wasserseitig oder dampfseitig zur Wirkung kommt. Auch elektrisch und dampfgetriebene Pumpen können gleichzeitig arbeiten; wie bei Pumpen mit verschiedenen Kennlinien ist dann nur zu beachten, daß die Dampfturbopumpe nicht durch die Elektropumpe von der Speisung ausgeschaltet wird, weshalb die Druckleitung der Turbopumpe erst

[1] Grün, Bedeutung des Druckreglers für Dampfkesselspeisepumpen. „Die Wärme", Bd. 57, 1934, H. 7, S. 102.

hinter dem Druckregelventil der Elektropumpe mit deren Druckleitung zusammengeführt werden darf.

4. Speiseregler ohne Druckregler.

Der Umstand, daß zahlreiche Wasserstandsregler ohne Unterstützung durch einen Druckdifferenzregler recht zufriedenstellend arbeiteten, hat die Erkenntnis der wesentlichen Gründe und Ziele für die Notwendigkeit dieser Druckregler gehemmt. Eine hohe Verstellkraft des Speisereglers kann zwar das Durchdrücken eines nicht vollständig entlasteten Speiseregelventils, nicht aber die Beeinflussung der Speisewassermenge durch schwankenden Druck verhüten;[1] das zeigt deutlich Gl. (31). Veränderte Druckverhältnisse zerstören den eindeutigen Zusammenhang zwischen Stellung des Speisereglers und gespeister Wassermenge, was nicht nur zu hohe oder zu geringe Speisung, sondern als besonderen Nachteil auch Pendelungen der Speisung zur Folge haben muß. Bei Großwasserraumkesseln, auch bei älteren Wasserrohrkesseln, hat zu große Speisewasserzufuhr weniger Einfluß auf die Dampferzeugung (und zwar allgemein um so geringeren, je größer der Kesselinhalt im Verhältnis zur Heizflächenbelastung ist). Ebenso ist auch die Veränderung des Wasserstandes durch unrichtige Speisung dann geringer. Die Pendelungen treten auch bei diesen Kesseln auf, haben aber nur kleine Schwingungsweiten und infolge der Speicherfähigkeit auch große Schwingungsdauer. Ein langsames Auf und Ab von Wasserstand und Speisemenge in engen Grenzen wird unbedenklich hingenommen, weil auch die Druckschwankungen dabei klein bleiben; es wird oft vielleicht gar nicht bemerkt, wenn durch eine neue, von außen kommende Störung die langsame Schwingung überdeckt wird. So ist es zu erklären, daß mancher Speiseregler auch ohne Druckregler unbeanständet arbeitet und die Anordnung eines Druckreglers als „Verbesserung" der Wasserstandsregelung angesprochen wird. An Hochleistungskesseln und an allen neueren Wasserrohrkesseln mit größerer Heizflächenbeanspruchung ist jedoch ein Betrieb mit Speiseregler ohne Druckdifferenzregler ganz undurchführbar.

Hingegen ist für die Maschinenregelung ein Druckdifferenzregler auch dort vorteilhaft, wo kein Speiseregler vorhanden ist. Eine Regelung der Speisemenge kann der Druckdifferenzregler natürlich nicht besorgen; die Speisemenge ist dann vielmehr von Hand aus einzustellen.

5. Anfahrsteuerungen.

Irgendwelche Störung an der Speisepumpe oder an ihrem Antrieb macht sich im Nachlassen oder gänzlichen Verschwinden des Förderdruckes bemerkbar. Diese Erscheinung kann zum selbsttätigen Einschalten einer Reservepumpe verwendet werden, womit höchste Betriebssicherheit erreicht wird. Wird die normal arbeitende Pumpe auf etwas

[1] Kesselbetrieb (vgl. Fußnote S. 27), S. 182, Punkt 506.

höhere Druckdifferenz eingestellt als die Reservepumpe, so kann deren Druckdifferenzregler selbst, sofern sie eine dampfseitig geregelte Turbopumpe ist, die Einschaltung besorgen: sobald die Druckdifferenz der Betriebspumpe unter den an der Reservepumpe eingestellten Wert fällt, öffnet er ihr Dampfregelventil und die Reservepumpe läuft an. Ist die Reservepumpe eine Dampfturbopumpe mit Fliehkraftregler, so wird das Anlaßventil der Turbine gesteuert, und zwar von einem einfachen, den Förderdruck der Betriebspumpe messenden Impulsgeber. Durch Schaltung der Wasserseite der Membran auf die Betriebspumpe, der Dampfseite auf die Reservepumpe kann jeder Druckdifferenzregler zu einem Anfahrregler eingerichtet werden.

VII. Anordnung der Pumpe im Kesselhaus.

1. Speisewasserbehälter.

Unabhängig davon, wie die Beschaffung des Speisewassers erfolgt und der Dampf-Wasserkreislauf eingerichtet ist, wird stets die Anordnung eines Speisewasserbehälters notwendig, aus dem die Speisepumpe das Wasser zu entnehmen hat. Selbst in dem Fall einer primitiven Einrichtung, wo unmittelbar Brunnenwasser gespeist wird, läßt man die aus dem Brunnen saugende Pumpe nur als Zubringerpumpe arbeiten, obwohl auch unter einem das Speisen, z. B. mit einem in solchen Fällen schon wegen der erwünschten Vorwärmung empfehlenswerten Injektor (insbesondere da es sich dann wohl auch um eine ganz kleine Anlage handeln wird) bei genügend tiefer Aufstellung ohne weiteres möglich wäre. In dem der Speisepumpe vorgeschalteten Behälter können sich etwa im Wasser aufgeschwemmte Unreinigkeiten absetzen; auch bietet er für Augenblicksspitzen, die die Ergiebigkeit des Brunnens übersteigen, einen Vorrat. Aber auch bei vollkommener Kesselanlage und Speisewasseraufbereitung, wo bis auf einen geringen Bruchteil von Zusatzwasser nur Kondensat gespeist wird, ist ein besonderer Speisewasserbehälter erforderlich. Es brächte keinerlei Vorteil, die Kondensatpumpe gleichzeitig als Hochdruckpumpe einzurichten (was aber konstruktive Schwierigkeiten bereiten würde) oder auch nur beide unmittelbar hintereinander zu schalten, wodurch die Betriebsführung erschwert würde. Denn Kondensat- und Speisewassermenge stimmen nicht überein, auch im Beharrungszustand nicht, wo im allgemeinen die Menge anfallenden Kondensates um die durch unvermeidliche Undichtheiten entstandenen Verluste, die durch Zusatzwasser auszugleichen sind, hinter der Speisewassermenge zurückbleibt. Übrigens kann selbst bei Kondensatspeisung ein Absetzen mitgerissener mechanischer Beimengungen, die die Pumpe gefährden könnten, notwendig werden. Denn wenn auch das für die Speisung bestimmte Wasser einem langwierigen Reinigungsprozeß unterzogen wird, so kann es doch feste Teilchen in feinster Verteilung enthalten, die zu einem Verreiben in der Pumpe Anlaß bieten können. Auch Kesselschlamm oder aus Kondensatrückleitungen abgeschwemmte Ablagerungen können unter Umständen in die Pumpe gelangen. Keinesfalls darf Speisewasser von vornherein als „reines Wasser" im Sinne der für Pumpen üblichen Begriffsbildung angesehen werden und es ist oft der Speisepumpe auch noch ein Filter vorzuschalten, wo er vielleicht allein mit Rücksicht auf ungestörten Betrieb des Kessels wegbleiben könnte. Besteht aber die Gefahr, daß Verunreinigungen in die Pumpe gelangen können, so ist darauf schon bei ihrer Auswahl Rücksicht zu nehmen. Dies ist leicht bei einer Kreiselpumpe möglich, die keine unter Druck aufeinander gleitenden Teile und auch nicht zu enge Durchflußquerschnitte besitzt: werden die Spaltweiten an den Dichtungsringen und Stufenbüchsen etwas reichlicher als sonst üblich bemessen und die damit verbundene Verringerung des volumetrischen Wirkungsgrades in Kauf genommen, vielleicht noch eine Stopfbüchsenspülung (ähnlich wie in Abb. 28 und 38) vorgesehen und für die in Mitleidenschaft gezogenen Teile Baustoff höherer Verschleißfestigkeit gewählt, so ist die Gefahr des Verreibens im allgemeinen beseitigt oder doch soweit zurückgedrängt, daß unvorhergesehene Betriebsstörungen nicht mehr zu befürchten sind. Von Haus aus sind Rückspeiser gegen Verunreinigungen unempfindlich. Hingegen ist ein Verstopfen der engen Querschnitte in den Düsen von Injektoren, ein Verreiben der Dichtungsflächen der Ventile und in den Stopfbüchsen der Kolbenpumpen kaum zu vermeiden.

Aber auch zum Sammeln der verschiedenen Anteile des Speisewassers, der Kondensate von verschiedenen Stellen und Zusatzwassers, für die sonst getrennte Speisevorrichtungen nötig wären, ist ein oder mehrere untereinander verbundene Behälter erforderlich.

Der Speisewasserbehälter wird gerne unter Flur untergebracht; in vielen Fällen ist das auch angängig, da ja Saughöhen von etwa 2 m geodätisch bis zu 40 bis 50^0 im allgemeinen überwunden werden. Sind Kondensate höherer Temperatur oder ist Wasser aus einem Reiniger, das meist mit 70 bis 80^0 zur Verfügung steht, zu speisen, so ist wegen der erforderlichen Zulaufhöhe der Sammelbehälter über Kesselhausboden aufzustellen, wenn eine weitere Vertiefung für die Speisevorrichtung nicht ohne Schwierigkeiten vorzukehren oder wegen der umständlichen Bedienung und Überwachung nicht erwünscht ist. In diesem Belang am günstigsten verhält sich wohl der Rückspeiser; Kreiselpumpen stellen geringere Ansprüche als Kolbenpumpen, wogegen Injektoren für die Speisung heißen Wassers überhaupt ausscheiden.

2. Die Saugleitung.

Da wegen der örtlichen Verhältnisse die Länge der Saugleitung nicht immer so zu beschränken ist, wie es mit Rücksicht auf kleinsten Durchflußwiderstand vorteilhaft wäre, ist die Geschwindigkeit entsprechend niedrig zu halten. Für durchschnittliche Verhältnisse ist, bezogen auf die größte Pumpenliefermenge, für Kolbenpumpen mit einer Wassergeschwindigkeit von 0,75 bis 1,0 m/s, für Kreiselpumpen mit

1,0 bis 2,0 m/s zu rechnen. Da aber für die Arbeitsweise der Pumpe doch lediglich die manometrische Zulaufhöhe, d. i. der Druck am Saugstutzen, maßgebend ist, können natürlich bei reichlicher geodätischer Zulaufhöhe bzw. kurzer Leitung auch größere Geschwindigkeiten zulässig sein, wie umgekehrt in ungünstigen Fällen die genannten Werte wesentlich unterschritten werden müssen. Immer ist deshalb — einerseits aus Gründen der Betriebssicherheit, andererseits zwecks Verminderung der Anlagekosten — die manometrische Zulaufhöhe als Unterschied der geodätischen Höhe und der Durchflußwiderstände nachzurechnen. Mögliche Inkrustationen in der Rohrleitung dürfen dabei nicht außer acht gelassen werden (Tabelle 7). Keinesfalls darf die Weite der Saugleitung einfach und ohne weitere Rechnung nach der Lichtweite des Saugstutzens gewählt werden. Besondere Aufmerksamkeit ist Formstücken, Abschlußorganen u. dgl. zuzuwenden. Was an Einbauten nicht unbedingt in der Zulaufleitung notwendig ist, muß von hier fortbleiben; beispielsweise wird man nie Wassermesser (auch nicht Meßflanschen) oder gar Regelventile in der Saug- (Zulauf-) Leitung unterbringen. Kniestücke, gewöhnliche T-Stücke und sonstige Formstücke oder Armaturen hohen Durchflußwiderstandes (vgl. Tabelle 8) sind zu vermeiden. Nur flache Bögen, Hosen-T-Stücke, Schieber, Rückschlagklappen mit Freigabe des vollen Leitungsquerschnittes dürfen verwendet werden.[1] Um eine Verengung durch Ansammlung von Luftblasen zu verhüten, muß die Saugleitung mit stetiger Steigung, die Zulaufleitung mit stetigem Gefälle gegen die Pumpe zu verlegt werden. Das ist auch notwendig, damit nicht plötzlich größere Luftblasen in die Pumpe gelangen, was bei Kolbenpumpen Wasserschläge hervorruft, Kreiselpumpen zum Abschnappen bringt. Ist ein Heber in einer Saugleitung nicht zu umgehen, so kann nur eine Wasserringpumpe oder eine Kreiselpumpe, deren erster Stufe eine Wasserringpumpe parallel geschaltet ist (vgl. S. 82), ungestörten Betrieb gewährleisten, weil nur solche sowohl Luft (bzw. Dampf) wie Wasser, und zwar ohne Stöße fördern können. Um den Druck am Saugstutzen überprüfen zu können (eine Zunahme des Widerstandes zufolge Inkrustation der Leitung macht sich durch eine Verminderung des absoluten Druckes daselbst bemerkbar), ist dort ein Vakuumeter bzw. bei Zulauf ein Manometer anzubringen. Saugleitungen sind weiters mit einem Fußventil auszustatten, und zwar nicht nur bei Kreiselpumpen, die ihre Saugleitung nicht selbst entlüften können, sondern auch bei Kolbenpumpen, um die lange Entlüftungszeit bei Ingangsetzung zu vermeiden. Nur bei Injektoren ist das Fußventil wegzulassen, weil dessen im Vergleich zum Durchgangswiderstand vielfach größerer Öffnungswiderstand gerade beim Anstellen des Injektors zum Versagen führen könnte. Hier wird dann nur der auch sonst notwendige Einlaufseiher angebracht. Eine Zulaufleitung ist knapp vor der Pumpe mit einem Absperrschieber auszurüsten; desgleichen auch, wenn mehrere

[1] Arch. Wärmewirtschaft, Bd. 10, 1929, S. 28, berichtet von dem Versagen einer Kreiselpumpe mit 0,9 m Zulaufhöhe, das lediglich durch Ersatz einiger Kniestücke und Ventile durch Bogenstücke und Schieber behoben wurde, ohne daß eine Vergrößerung der Zulaufhöhe nötig gewesen wäre.

Pumpen an eine gemeinsame Saugleitung angeschlossen sind, in welchem Fall Schieber mit Wassertasse an der Stopfbüchse zu verwenden sind. Dann ist weiters, um mit Sicherheit Luftsaugen aus einer anderen, nicht in Betrieb befindlichen Pumpe der Gruppe zu verhüten, jede Abzweigung von der gemeinsamen Saugleitung mit einer Rückschlagklappe zu versehen. In Zulaufleitungen sind Rückschlagklappen im allgemeinen nicht erforderlich.

Die Abkühlung des Speisewassers in einer nackten Rohrleitung vom Behälter bis zur Pumpe kann genügen, um auch bei zu knapper Zulaufhöhe störungsfreien Betrieb zu ermöglichen.[1] Dieser Ausweg ist aber als unwirtschaftlich besser nicht zu beschreiten. Will man mit einer zu gering bemessenen Zulaufhöhe durch Abkühlung des Speisewassers den Betrieb aufrechterhalten, so geschieht das ohne Wärmeverlust durch Mischen mit nicht vorgewärmtem Wasser unmittelbar vor dem Saugstutzen.[2]

3. Die Druckleitung.

Bezüglich der Ausführung der Speiseleitung, in der Regel aus nahtlosen Stahlrohren mit Schweißverbindungen und möglichst wenig Flanschen, ist auf „Schwedler, Handbuch der Rohrleitungen, bei Springer, Berlin 1932“ zu verweisen.

An Kreiselpumpen (auch an Dampfkolbenpumpen) kann ein Absperrschieber angebracht werden, der dann gleichzeitig als Regulierschieber dient; auch bei Pumpen mit selbsttätigem Speiseregler bleibt er als Reserve. Immer und bei allen Pumpenbauarten ist eine Rückschlagklappe am Druckstutzen notwendig. Ist an einer Kolbenpumpe mit Kurbeltrieb ein Absperrschieber angebracht, so darf die Pumpe nur bei geöffnetem Schieber in Gang gesetzt werden, andernfalls es durch die übermäßige Drucksteigerung zum Bruche kommt. Um in der Speiseleitung von Kolbenpumpen solche gefährliche Drucksteigerungen zu verhüten, ist ein Sicherheitsventil an der Leitung anzubringen oder besser ein auf eine bestimmte Druckdifferenz ansprechendes Rücklaufventil (vgl. S. 36 und 113), das auch die volle Liefermenge zum Speisewasserbehälter zurückleiten kann. Auch an Injektoren hat eine druckseitige Absperrung zu unterbleiben; eine Regelung ist damit nicht möglich, weil eine geringe Erhöhung des Gegendruckes keinen Einfluß auf die Liefermenge hat und bei stärkerer Zunahme der Injektor abschnappt (vgl. S. 53 und 56). Da aber auch eine Drosselung im Zulauf des Injektors nur in beschränktem Maß eine Veränderung der Liefermenge erlaubt, sind selbsttätige Speiseregler an Injektoren überhaupt nicht zu verwenden. Die Rückschlagklappe, die üblicherweise unter dem Schieber unmittelbar am Pumpenstutzen angeordnet wird, wodurch sie bei abgestellter Pumpe von der

[1] Vgl. Fußnote 1, S. 43. Der für die Beschleunigungshöhe erforderliche Überdruck über Sättigungsdruck wurde nach dem genannten Bericht durch Entfernen der Rohrisolierung gewonnen.

[2] Weyland, Speisepumpen für Hochdruckdampfkraftwerke. Arch. Wärmewirtschaft, Bd. 12, 1931, S. 299.

Aufgabe, gegen den Leitungsdruck abzudichten, entlastet wird, erhält meist einen Umlauf, um die Pumpe von der Speiseleitung aus füllen zu können. Ein Manometer am Pumpenstutzen dient zur raschen Kontrolle, ob die Pumpe fördert und gibt in seiner Anzeige im Vergleich mit jener am Kessel, sofern der Regulierschieber an der Pumpe ganz geöffnet ist, den Druckverlust in der Speiseleitung an.

Da die Widerstände der Speiseleitung nur für den Kraftbedarf der Pumpe Bedeutung haben und sonst nicht den Fördervorgang beeinflussen, die Widerstandshöhe der Leitung allein durchschnittlich nur einen geringen Teil der gesamten Förderhöhe ausmacht (der Hauptteil der Widerstandshöhe in der Speiseleitung ist durch den Economiser verursacht), kann die Wassergeschwindigkeit in der Speiseleitung höher als in der Saugleitung gewählt werden. Insbesondere bei der gleichförmigen Förderung von Kreiselpumpen und Injektoren sind Werte von 2,0 bis 3,0 m/s bezogen auf die volle Pumpenliefermenge ohne weiteres zulässig: bei Kolbenpumpen ist sie mit 1,5 bis 2,0 m/s üblich. Der Einfluß des Leitungsquerschnittes auf dynamische Wirkungen ist für die Pumpe mit Windkessel durch Gl. (16) gegeben, für Pumpen ohne Windkessel besteht bezüglich der Resonanzerscheinungen ein Zusammenhang nicht, wie Gl. (17c) und Tabelle 9 zeigen; enge Rohrleitungen ergeben aber mit den großen Beschleunigungshöhen die Gefahr des Abreißens der Strömung auch in der Druckleitung (vgl. S. 30 und Gl. (18a—c), die entsprechend auch für die Druckleitung aufgestellt werden können). Auch mit Rücksicht auf die Vorgänge beim Anfahren der Kolbenpumpe (Beschleunigung der Wassermasse in der Druckleitung) ist eine zu knappe Bemessung des Leitungsquerschnittes zu vermeiden.

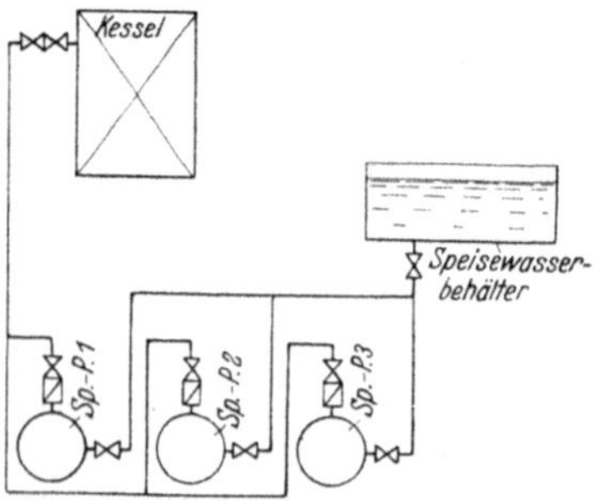

Abb. 62. Parallelschaltung dreier Speisepumpen mit gemeinsamer Zulauf- und gemeinsamer Speiseleitung (von den beiden vor dem Kessel angegebenen Abschlußorganen ist — wie üblich — das erste ein Absperr-, das zweite ein Rückschlagventil).

4. Parallelschaltung der Pumpen.

Dem Sinn der gesetzlichen Vorschrift, mindest zwei Speisevorrichtungen verschiedenen Antriebes vorzusehen, wird praktisch erst dann wirklich entsprochen, wenn alle vorhandenen Pumpen nebeneinander Aufstellung finden, damit der Kesselwärter für ihre Bedienung und Überwachung nicht mehr Zeit und Mühe als für eine Pumpe aufzuwenden hat. Auch bei Durchführung der Speisung darf sich kein Unterschied bemerkbar machen, ob sie jeweils nur von einer einzigen Speisevorrichtung oder von mehreren zusammen besorgt wird. Deshalb sollen alle auf eine gemeinsame Speiseleitung arbeiten, wobei etwa gegenseitige Beeinflussung verschiedener Speisevorrichtungen zu vermeiden ist (S. 50). Auch die Saugleitung bzw. Zulaufleitung aus dem Speisewasserbehälter wird meist für alle Pumpen gemeinsam ausgeführt (Abb. 62). Sind mehrere Speisewasserbehälter vorhanden, so ist es für die Betriebssicherheit günstig, diese untereinander zu verbinden (Abb. 65[1]), damit jeder von ihnen jede der vorhandenen Speisevorrichtungen versorgen kann. Zusatzwasser wird gleichfalls in die Sammelbehälter eingeführt (Abb. 65 und 68), womit auch gegenseitige Störungen (wie auf S. 50 erwähnt) von Haus aus vermieden sind. Jedenfalls muß jede Speisevorrichtung im Bereich ihrer Leistungsfähigkeit für sich allein und unabhängig von anderen die Speisung übernehmen können. Allgemeine Richtlinien dafür aufzustellen ist natürlich nicht möglich; in jedem einzelnen Fall muß untersucht werden, was an Umgehungsleitungen und Abschlußorganen für die Erfüllung dieser Bedingung notwendig ist. Allerdings ist es nicht zu vermeiden, daß im Parallelbetrieb eine Veränderung der Liefermengen auftritt. Nur bei Kolbenpumpen mit Kurbelantrieb ist die Liefermenge von den äußeren Verhältnissen unabhängig. Bei Kreiselpumpen, ebenso bei schwungradlosen Dampfpumpen (vgl. Abb. 17), ist die Liefermenge mit der Förderhöhe veränderlich; da diese sich mit dem Anteil, den die Widerstandshöhe daran hat, selbst mit der Liefermenge ändert, wird durch Zuschalten einer Kolbenpumpe zu einer Kreiselpumpe oder bei Parallelschalten zweier Kreiselpumpen die Liefermenge der Kreiselpumpe vermindert. Für das Zusammenarbeiten einer Kreiselpumpe mit einer Kolbenpumpe ist im QH-Diagramm die unveränderliche Liefermenge der Kolbenpumpe vor dem Anfang der Q-Achse für die Kreiselpumpe aufzutragen (Abb. 63). Die Ordinatenachse des QH-Diagramms der Kreiselpumpe allein (Gerade BCO) ist gewissermaßen als Kennlinie der Kolbenpumpe mit unendlich großem Stabilitätsgrad anzusehen, dem entsprechend eine Drosselung in der gemeinsamen Speiseleitung nur eine Veränderung der Liefermenge der Kreiselpumpe bewirkt. Überschreitet diese gemäß der Drosselparabel DB schließlich den Druck H_0, so hört die Kreiselpumpe zu fördern auf und läuft nur im Totwasser mit.[2] Bei der Parallelschaltung zweier Kreiselpumpen ist die Summenkennlinie durch Aneinanderfügen der zu gleichen Förderhöhen gehörigen Liefermengen zu zeichnen (Abb. 64)

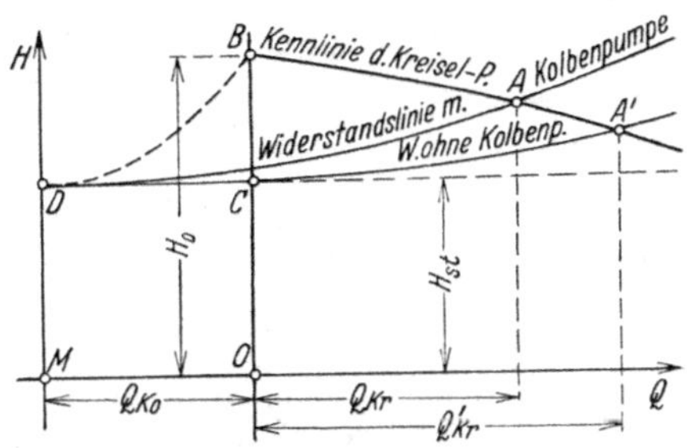

Abb. 63. Verminderung der Liefermenge einer Kreiselpumpe von Q'_{Kr} auf Q_{Kr} bei Zuschaltung einer Kolbenpumpe mit der Liefermenge Q_{Ko}.

[1] Nach Schwedler, a. a. O., Abb. 15 auf Tafel 3.

[2] Bei Fehlen einer Rückschlagklappe würde sie mit „negativer" Wassermenge, d. h. von der Kolbenpumpe aus versorgt, als Turbine im entgegengesetzten Drehsinn weiterlaufen.

(bei zwei gleichen Pumpen sind also nur die Abszissen der QH-Linie zu verdoppeln). Sofern auf den Widerstand der für Speisepumpen stets ganz kurzen Verbindungsleitung zwischen beiden nicht zu achten ist,[1] ergibt sich dann die Gesamtliefermenge im Schnitt der Widerstandskennlinie mit der Summenkennlinie. Durch Aufteilen dieser auf Punkte der beiden Kennlinien mit gleicher Ordinate (Förderhöhe) ergeben sich die Einzelliefermengen der beiden Pumpen bei Zusammenarbeit, die kleiner sind als die Liefermengen, wenn jede der Pumpen für sich allein in dasselbe Rohr förderte. Nur wenn die Widerstandslinie zur Waagrechten würde, d. h. die Pumpen nur statische Förderhöhen zu überwinden hätten oder die Widerstandshöhe vernachlässigt werden kann, blieben die Einzelliefermengen durch die Parallelschaltung unberührt. Wünscht man die Liefermenge jeder Pumpe für sich zu regeln, so darf nicht in der gemeinsamen Speiseleitung, sondern muß an jeder Pumpe unmittelbar gedrosselt werden.

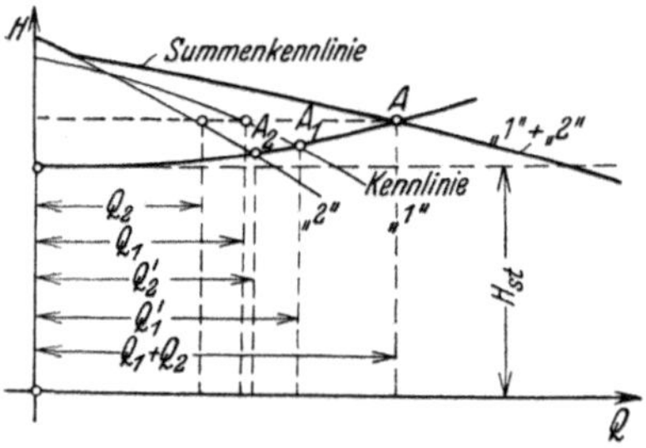

Abb. 64. Beeinflussung der Liefermengen zweier Kreiselpumpen bei Parallelschaltung unter Vernachlässigung des Widerstandes ihrer Verbindungsleitung. Q'_1 und Q'_2 die Liefermengen bei Einzelbetrieb der beiden Pumpen; Q_1 und Q_2 bei Zusammenarbeit beider. Die Verminderung der Einzelliefermengen infolge Parallelschaltung ist um so geringer, je flacher die Widerstandslinie verläuft.

5. Parallelschaltung der Kessel.

Grundsätzlich sind alle Pumpen so anzuordnen, daß jede in beliebiger Kombination für jeden Kessel verwendet werden kann. Aus diesem Grund erhält die Forderung nach zentraler Aufstellung besondere Bedeutung. Um die Widerstände klein zu halten, wird meistens die Speiseleitung als Ringleitung angelegt (Abb. 65 und 68). Für die Bestimmung der Widerstandshöhe bei Festlegung der Pumpenförderhöhe ist der ungünstigste Fall zu untersuchen. Es kann auch vorkommen, daß die einzelnen Pumpen verschiedene Widerstandshöhen zu überwinden hätten, was sich praktisch in der Gesamtförderhöhe kaum auswirkt. Die für Reinwasser bestimmten Zubringerpumpen, die gegen eine geodätische Förderhöhe arbeiten (Abb. 65), entfallen, wenn vom Reinwasserbehälter bzw. vom chemischen Reiniger aus der Zufluß zum Sammelbehälter unter eigenem Gefälle erfolgt (Abb. 68).

6. Pumpe und Vorwärmung.

Als Grundbedingung für die Anordnung eines Vorwärmers gilt, daß der Druck vor ihm größer als der zur höchsten, im Vorwärmer erreichten

[1] Vgl. Hollfelder, Betriebsverhältnisse parallel arbeitender Kreiselpumpen mit langen Verbindungsleitungen. Z. VDI, Bd. 76, S. 513. — Falk, Beitrag zur graphischen Behandlung der Betriebsverhältnisse parallel-

Temperatur gehörige Sättigungsdruck zu sein hat. Die Pumpe, in der dieser Druck erzeugt wird, wird als Vorwärmepumpe bezeichnet, sofern nicht die Speisepumpe selbst das Wasser durch den Vorwärmer drückt, in welchem Falle mit der genannten Bedingung nichts Neues gesagt ist.

a) Rauchgasvorwärmer. Bei der meist üblichen Anordnung, wo der Economiser auf den vollen Kesseldruck beansprucht wird, ist keine Vorwärmepumpe notwendig. Die Speisepumpe drückt durch den Economiser hindurch, der hydraulisch einen Teil der Speiseleitung bildet (S. 14). Bei Hochdruckkesseln wird zwecks Verminderung der Herstellkosten der Economiser nur für einen geringeren Druck als der Kessel bemessen; die Förderung mit der Vorwärmepumpe auf den über Sättigungsdruck der Vorwärmetemperatur liegenden Economiserdruck und nachher erst auf den Kesseldruck wird als „Stufenspeisung“ oder „Speisung mit Zwischenerwärmung“ bezeichnet (Abb. 66). Der von der Vorwärmepumpe erzeugte Druck muß mindest um den Durchflußwiderstand des Economisers und den der Verbindungsleitungen des Economisers mit Vorwärme- und Speisepumpe, weiters um die in der Speisepumpe auftretende dynamische Drucksenkung (S. 30 bzw. 73) größer als der fragliche Sättigungsdruck sein. Anderseits ist damit keine weitere Zulaufhöhe vom Economiser zur Speisepumpe notwendig. Da nämlich Vorwärme- und Speisepumpe eine und dieselbe Wassermenge fördern, werden beide unmittelbar ohne Zwischenschaltung eines Ausgleichsbehälters hintereinander durchströmt, ohne daß Stau oder Abreißen der Strömung eintreten könnte. Mit dem geschlossenen Wasserweg entspricht bei Bemessung der Förderhöhe für die Vorwärmepumpe nach

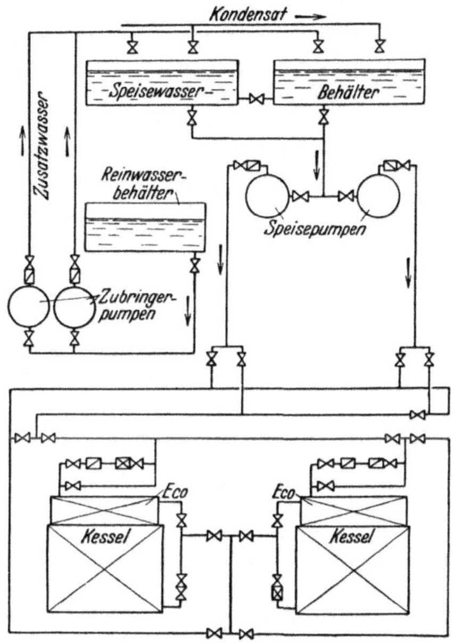

Abb. 65. Parallelschaltung zweier Kessel mit zwei Speisepumpen und mit gemeinsamer, als Ringleitung ausgebildeter Speiseleitung. Gemeinsamer Sammelbehälter für Kondensat und gereinigtes Zusatzwasser; Zubringerpumpen für die Überwindung einer geodätischen Förderhöhe zwischen Reinwasser- und Speisewasser-Behälter. (Am Kessel links ist das zweite Abschlußorgan so wie rechts als Rückschlagventil zu nehmen.) (Nach „Schwedler, Handbuch der Rohrleitungen“.)

geschalteter Kreiselpumpen. Fördertechn. Frachtverk., Bd. 26, 1933, S. 3. — Falk, Betriebsverhältnisse parallel arbeitender Kreiselpumpen mit langen Verbindungsleitungen. Z. VDI, Bd. 77, 1933, S. 898.

vorstehender Angabe der Druck vor der Speisepumpe bereits der erforderlichen manometrischen Zulaufhöhe und eine geodätische Zulaufhöhe wird zwecklos. Mit Rücksicht auf die Volumsvergrößerung bei der Erwärmung ist die Speisepumpe für eine größere Liefermenge (im Raummaß) zu bemessen als die Vorwärmepumpe. Da eine Änderung der Liefermenge zufolge des geschlossenen Wasserweges in beiden Pumpen stets gleichzeitig und im gleichen Betrag erfolgt, können beide, sofern sie als Kreiselpumpen ausgeführt sind, zu einer eingehäusigen Zweidruckpumpe mit gemeinsamem Antrieb vereinigt werden, gleichgültig, ob sie für Drossel- oder Drehzahlregelung einzurichten sind. Eine Regelung der Liefermenge durch Drosseln darf lediglich in der Speiseleitung, d. h. zwischen eigentlicher Speisepumpe und Kessel erfolgen: eine Verminderung der Liefermenge der Speisepumpe bewirkt auch in der Leitung zwischen beiden Pumpen einen Rückstau und damit auch an der Vorwärmepumpe eine Druckerhöhung und Verminderung ihrer Liefermenge. Hingegen würde sich eine Drosselung am Druckstutzen der Vorwärmepumpe hinter der Drosselstelle, also im Economiser und in den Verbindungsleitungen als eine Drucksenkung geltend machen; diese Drucksenkung, die zwar auch von der Speisepumpe zu überwinden wäre und somit deren Förderhöhe ebenso wie eine Drucksteigerung an ihrem Druckstutzen vermehren und ihre Liefermenge vermindern würde, könnte nur in jenem Bereich wirken und dürfte überhaupt nur so weit getrieben werden, bis nicht im Economiser oder in der Zulaufleitung zur Speisepumpe der Sättigungsdruck unterschritten würde, womit Dampfbildung und Unterbrechung der Förderung einträte.

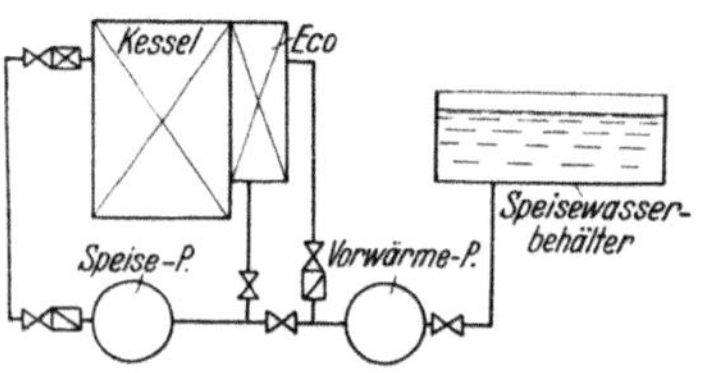

Abb. 66. Schema einer Kesselspeisung mit Zwischenerwärmung bei einem nicht auf vollen Kesseldruck zu beanspruchenden Economiser, mit Umgehungsleitung für unmittelbare Hintereinanderschaltung von Vorwärme- und Speisepumpe.

b) Röhrenvorwärmer. Bezüglich der Pumpenschaltung ist der Röhren-, Oberflächen- oder Abdampfvorwärmer dem Economiser im wesentlichen gleichwertig. Nur ist hier die Zwischenerwärmung als Regel anzusehen. Auch hier wird der Wasserweg zwischen Vorwärme- und Speisepumpe an keiner Stelle unterbrochen; besondere Zulaufhöhen sind daher ebenso wie beim zwischengeschalteten Economiser nicht notwendig und die Förderhöhe der Vorwärmepumpe ist wie dort zu ermitteln. Weiters ist es für die Pumpe belanglos, ob die ganze Aufwärmung in einem einzigen oder in mehreren hintereinander geschalteten Oberflächenvorwärmern erfolgt (Abb. 67[1]), solange nur der von der Vorwärmepumpe erzeugte Druck der allgemeinen Bedingung genügt und größer als der

[1] Nach Münzinger, Dampfkraft (2. Auflage der „Berechnung und Verhalten von Wasserrohrkesseln"), bei Springer, Berlin 1933, Abb. 554 auf S. 315.

Dampfdruck entsprechend der in der letzten Vorwärmestufe erreichten Temperatur ist.

c) Regenerativ-Vorwärmung. Beim Regenerativverfahren[1] wird im Niederdruckgebiet nicht die volle Dampfmenge zur Arbeitsleistung verwendet, sondern ein Teil des Arbeitsdampfes wird zur Speisewasservorwärmung herangezogen, und zwar in solchem Ausmaß, daß das Speisewasser selbst auf die Temperatur des entnommenen Dampfes gelangt. Trotz der dadurch verringerten Arbeitsausbeute wird der thermische Wirkungsgrad des in Kessel und Dampfmaschine (im allgemeinen Dampfturbine) ausgeführten Kreisprozesses dabei durch Angleichung an den Carnotschen Kreisprozeß verbessert.[2] Für die stoffliche Ausführung des Kreisprozesses ist es notwendig, auch das Kondensat des Heizdampfes mit seiner Flüssigkeitswärme dem Speisewasser zuzuführen. Von den einzelnen Oberflächenvorwärmern ist also das Kondensat in den Speisewasserbehälter zu leiten (Abb. 67), was nur nach Entspannung, also unter Druckverlust möglich ist. Auch ein Temperaturverlust ist im Oberflächenvorwärmer unvermeidlich, weil in ihm für die Wärmeübertragung ein Wärmegefälle vorhanden sein muß, um welches die Temperatur des Speisewassers unter der des Heizdampfes (bzw. des abfließenden Kondensates) bleibt.

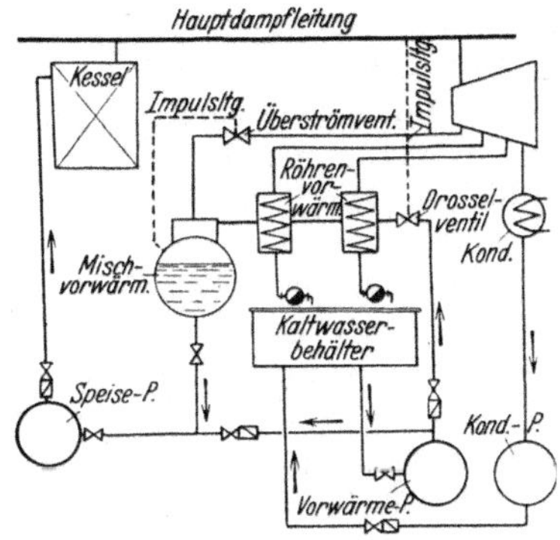

Abb. 67. Schema einer Kesselspeisung bei Regenerativ-Vorwärmung in drei Stufen und zwar mit zwei Röhrenvorwärmern und einem Mischvorwärmer (Gleichdruckspeicher) mit gemeinsamer Vorwärmepumpe und Umgehungsleitung für unmittelbare Hintereinanderschaltung von Vorwärme- und Speisepumpe (nach „Münzinger, Dampfkraft“).

d) Mischvorwärmer. Diese Verluste werden bei unmittelbarer Mischung des Speisewassers mit dem Heizdampf vermieden, weil sowohl die Erwärmung bis zur Sattdampftemperatur des Heizdampfes erfolgt und die Arbeitsleistung, die notwendig ist, um das entspannte Kondensat wieder auf den Heizdampfdruck zu bringen, erspart wird. Anderseits haben Mischvorwärmer den Nachteil, daß nicht mehrere Vorwärmestufen durch eine Vorwärmepumpe zu versorgen sind; da im Mischvorwärmer auch ein Dampfraum besteht, wird in ihm der Wasserweg unterbrochen und es lastet auf der Vorwärmepumpe nur der im Mischvorwärmer durch den Heizdampf bestimmte Druck, weshalb jede Mischvorwärmer-

[1] Münzinger, Dampfkraft, S. 39. — Schüle, Technische Thermodynamik, 5. Aufl., Springer, Berlin 1930, I. Bd., 2. Teil, S. 175—184. — Hütte II., S. 482 u. 579 der 26. Aufl.

[2] Bei gegebener oberer und unterer Temperaturgrenze für den Kreisprozeß gibt der Carnotsche Prozeß, d. i. der zwischen zwei Isothermen und zwei Adiabaten, den höchsten möglichen thermischen Wirkungsgrad.

stufe mit einer eigenen Pumpe auszustatten ist. Bei Ausführung als Kreiselpumpen könnten diese Vorwärmepumpen zu einer eingehäusigen Mehrdruckpumpe gemeinsamen Antriebes zusammengebaut werden. Doch darf nicht übersehen werden, daß mit Rücksicht auf die Verminderung der kritischen Drehzahl infolge Vergrößerung der Lagerentfernung (vgl. S. 61) die Zahl der Abzweigstufen einer Kreiselpumpe nicht beliebig zu erhöhen ist. Außerdem ist wegen Unterbrechung des kontinuierlichen Wasserweges jeder Mischvorwärmer mit einer geodätischen Zulaufhöhe über der nachfolgenden Pumpe aufzustellen, was ein bedeutendes Mehr an Rohrleitungen bedingt. Damit verliert die Anlage an Übersichtlichkeit und treten neue Druck- und Wärmeverluste auf, so daß der Gewinn, den der Mischvorwärmer brachte, wieder aufgezehrt würde. Deshalb wird die Zahl der Mischvorwärmerstufen beschränkt und bleibt die Mischung im allgemeinen den Vorwärmestufen mit höherem Heizdampfdruck vorbehalten, wo der Arbeitsverlust infolge Entspannung des Heizdampfkondensates stärker ins Gewicht fiele, während die Stufen mit niedrigem Heizdampfdruck als Oberflächenvorwärmer ausgebildet werden (Abb. 67).

Die Förderhöhe der dem Mischvorwärmer vorangehenden Vorwärmepumpe ist im Hinblick darauf, daß er wie ein Kessel einen Dampfraum enthält, ebenso wie für eine Speisepumpe zu ermitteln, also nach Gl. (9), wenn darin p_K den Druck im Mischvorwärmer darstellt. Mit Rücksicht auf die große Zulaufhöhe, die an der Speisepumpe vom Mischvorwärmer aus notwendig ist, macht auch der Anteil der geodätischen Förderhöhe H_g für die Förderhöhe der Vorwärmepumpe einen größeren Betrag aus.

Der Bemessung der Zulaufhöhe im Anschluß an einen Mischvorwärmer ist besondere Aufmerksamkeit zu schenken. Denn selbst bei Vorhandensein eines Druckreglers für den Entnahmedampf weist dieser Druckschwankungen auf, denen zufolge die schon früher (S. 75) beschriebene Erscheinung auftreten kann, daß vorübergehend die Temperatur des Speisewassers in der Zulaufleitung und am Eintritt in die Speisepumpe von dem zum augenblicklichen Dampfdruck gehörigen Wert abweicht, insbesondere ihn übersteigt, wenn sich der Druck des Heizdampfes gesenkt hat. Um das Ausmaß der zu gewärtigenden größten Drucksenkung, gerechnet in m WS., ist die für Kreiselpumpen nach Abb. 40 und zusätzlich nach Gl. (29) bestimmte manometrische Zulaufhöhe noch zu erhöhen (abgesehen von dem für Widerstände erforderlichen Betrag, um den die geodätische Zulaufhöhe größer als die manometrische sein muß). Nimmt man für die erwähnten Schwankungen die Temperatur als unabhängig Veränderliche an, so ist der Zuschlag für die Zulaufhöhe um so größer zu bemessen, je höher der Nenndruck im Mischvorwärmer ist, denn um so steiler ist dann der in Betracht kommende Abschnitt der Sättigungskurve und eine um so größere Druckschwankung gehört zu einer bestimmten Änderung der Temperatur. Im mittleren Druckbereich (etwa 8 bis 22 at) zeigen Temperaturschwankungen von 2 bis 5° Druckschwankungen von 1 bis 2 at an (vgl. Dampftabelle), für deren Ausgleich also zusätzliche Zulaufhöhen von rund 10 bis 20 m notwendig wären.

Sind jedoch die Druckänderungen als primär anzusehen, so wird der erforderliche Zuschlag unabhängig vom Nenndruck und lediglich durch die Druckregeleinrichtungen und Maßverhältnisse (Speichervermögen) bestimmt. Auch beim Sammeln von unter Druck stehendem Kondensat liegen die Verhältnisse ähnlich, indem sich im Zufluß zusammengehörige Änderungen von Druck und Temperatur einstellen können, von denen nur die Änderung des Druckes sofort in der Zulaufleitung zur Pumpe zur Wirkung kommt, so daß die von früher etwa noch herrschende höhere Temperatur Verdampfung bewirken könnte.

Im Mischvorwärmer herrschen nur dann Druck und Temperatur des gesättigten Heizdampfes, wenn Dampf- und Wassermenge in dem durch Flüssigkeits- und Kondensationswärme gegebenen Verhältnis stehen[1] oder Dampf im Überschuß vorhanden ist. Würde mehr Wasser an der Mischung teilnehmen, als notwendig ist, um den zutretenden Dampf niederzuschlagen, so bliebe die Temperatur und damit auch der Druck unter den zum Heizdampf gehörigen Sättigungswerten. Beispielsweise kann Turbinenabdampf in einen offenen Speisewasserbehälter eingeblasen werden, ohne daß dessen Inhalt bis auf 100° erwärmt wird. Bei Änderung des Verhältniswertes ist der Beharrungszustand im Mischvorwärmer gestört und es muß dann auch der zweite Mischungsanteil geändert werden. Nimmt etwa die Speisewassermenge ab, so wird ein Teil des Heizdampfes nicht mehr niedergeschlagen, es tritt in der Dampfzuleitung ein Stau auf, der Druck im Mischvorwärmer steigt und die zutretende Dampfmenge wird vermindert, wodurch ein neuer Gleichgewichtszustand angebahnt wird. Eine Zunahme der eingespeisten Wassermenge, die mehr Dampf niederzuschlagen vermag als zufließt, hat eine Drucksenkung zur Folge.

e) Wärmespeicher. Diese Verhältnisse gewinnen Bedeutung, wenn der Mischvorwärmer gleichzeitig als Wärmespeicher dient (Abb. 67), durch den Belastungsänderungen der Maschine vom Kessel ferngehalten werden sollen. Bei Laststeigerung wird durch den Druckfall in der Hauptdampfleitung das Drosselventil an der Vorwärmepumpe gedrosselt und die in den Mischvorwärmer gespeiste Kaltwassermenge verringert. Die dadurch im Mischvorwärmer nach obigem bewirkte Druckerhöhung veranlaßt über eine weitere Impulsleitung ein Drosseln des Überströmventils für den Anzapfdampf, so daß ohne größere Dampfentnahme aus dem Kessel eine größere Dampfmenge für die Arbeitsleistung in der Turbine verbleibt. Der Warmwasserspeicher wird jetzt also allmählich entleert und der Kaltwasserbehälter gleichzeitig gefüllt. Mit der gleichbleibenden Belastung des Kessels arbeitet auch die Speisepumpe ständig mit der gleichen Liefermenge; auch die Temperatur des Speisewassers bleibt unverändert. Bei Lastsenkung, Steigen des Druckes in der Haupt-

---

[1] $\frac{\text{Dampfmenge}}{\text{Wassermenge}} = \frac{q - t_c}{r}$, wo q und r die zum Heizdampfdruck gehörigen Werte von Flüssigkeits- bzw. Verdampfungswärme sind und t_c die Temperatur des in den Mischvorwärmer eintretenden Speisewassers ist.

dampfleitung und Öffnen des Regelventils an der Vorwärmepumpe wird die in den Mischvorwärmer eingespeiste Kaltwassermenge vergrößert, womit über das Überströmventil auch die Anzapfdampfmenge steigt. Zur Zeit kleiner Last wird also der Wärmespeicher gefüllt und der Kaltwasserbehälter entleert.

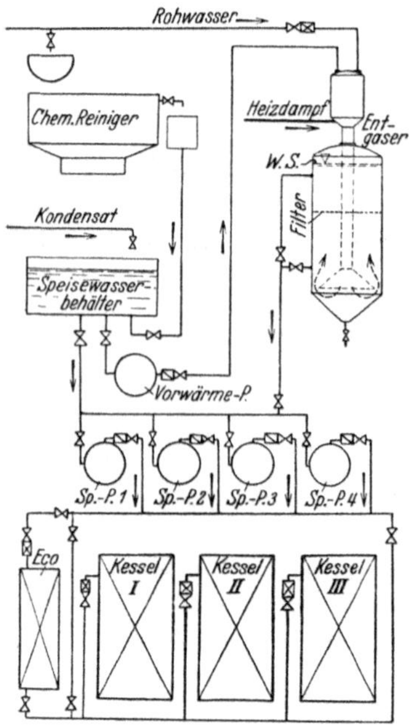

Abb. 68. Schema einer Kesselspeisung mit einem als thermischen Entgaser und Heißwasser-Sammelbehälter eingerichteten Mischvorwärmer, Vorwärmepumpe und Parallelschaltung der Speisepumpen.

Kaltwasserbehälter und Wärmespeicher können auch in einen Behälter vereinigt werden: Kiesselbach-Speicher.[1] Bei diesem wie auch bei anderen Gleichdruckspeichern[2] ist dann neben der in den Speicher einspeisenden Vorwärmepumpe (bei Münzinger Zubringerpumpe, bei Schüle Speisepumpe I bezeichnet) eine Heißwasser-Umwälzpumpe erforderlich, die gleichfalls einer ausreichenden Zulaufhöhe bedarf.[3]

Bei einem einfachen Mischvorwärmer erfolgt trotz der Unterbrechung des kontinuierlichen Wasserweges eine Änderung der Liefermengen in der Vorwärmepumpe und in der Speisepumpe gleichzeitig und von gleicher Größe, so daß beide auch bei Drehzahlregelung zu einer eingehäusigen Zweidruckpumpe mit einfachem Antrieb vereinigt werden können. Eine Drosselregelung muß an beiden Pumpen je am Druckstutzen vorgenommen werden, weil infolge der Unterbrechung die Drosselung am Druckstutzen der Speisepumpe nicht auf die Vorwärmepumpe zurückwirken kann. Außer der Zunahme des Rauminhaltes durch die Erwärmung ist für die Speisepumpe noch die Zunahme der Liefermenge entsprechend der beigemischten Dampfmenge gegenüber der Vorwärmepumpe zu beachten. Arbeitet der Mischvorwärmer als Wärmespeicher, so kommt ein Zusammenbau von Vorwärme- und Speisepumpe im allgemeinen nicht in Frage; denn es ist dann an beiden die Regelung ganz unabhängig voneinander durchzuführen und auch mit Rücksicht auf die örtliche Anordnung bietet die Vereinigung kaum mehr Vorteile.

[1] Schüle, a. a. O., S. 204. — Praetorius, Wärmewirtschaft im Kesselhaus. Bei Steinkopff, Dresden-Leipzig 1930, S. 335ff.

[2] Koch, Arch. Wärmewirtschaft, Bd. 8, 1927, S. 394. — Marguerre, Z. VDI, Bd. 73, 1929, S. 913 (Gleichdruckverdrängungs-Speicher im Großkraftwerk Mannheim).

[3] Grün, Kesselspeise-Kreiselpumpen. Sparwirtschaft, Bd. 10, 1932, S. 436.

Auch in kleineren Anlagen und in Gegendruckbetrieben ergibt sich die Möglichkeit einer höheren Vorwärmung mit Abdampf. Als Mischvorwärmer arbeitet z. B. auch ein thermischer Entgaser, für den der Heizdampf ebenso wie vom Abdampf einer Gegendruckturbine auch von einem beliebigen Gegendruckapparat geliefert werden kann. Eine Schaltung der Speisewasserbehälter und Pumpen, der im grundsätzlichen die Einrichtung des Heiz- und Kraftwerks der Technischen Hochschule Wien[1] entspricht, zeigt Abb. 68. Die gemeinsame Zulaufleitung der Speisepumpen kann entweder an den offenen Sammelbehälter oder an den Heißwasserbehälter des Entgasers angeschlossen werden. Ein Hintereinanderschalten von Vorwärme- und Speisepumpe ist im vorliegenden Fall nicht notwendig, wenn ohne Entgaser gearbeitet werden soll; der geringe Überdruck, gegen den die Vorwärmepumpe zu fördern hat, ist von einer Größe, die innerhalb des Regelbereiches der Speisepumpen liegt und kann von ihnen zusätzlich erzeugt werden, wenn unmittelbar aus dem Speisewasserbehälter gespeist wird.

f) Zweidruckwerke. Werden in einer Anlage Kessel mit verschiedener Spannung betrieben, so ergeben sich in der Vereinigung der beiden neue Möglichkeiten für den Wasserkreislauf und die Speisewasservorwärmung.[2] Für die Speisepumpen und Vorwärmepumpen treten damit keine grundsätzlich neuen Aufgaben hervor.

g) Vorteile der Kreiselpumpe. Den wärmewirtschaftlichen Erfordernissen an die Pumpe wird in nahezu vollkommener Weise die Kreiselpumpe gerecht. Vor allem ist die Möglichkeit des Zusammenbaus mehrerer zusammengehöriger Pumpen zu einer Mehrdruckpumpe für die Übersichtlichkeit und die Bequemlichkeit in der Bedienung vorteilhaft. Ebenso fällt die einfache Art der Regelung, die geringe Inanspruchnahme der Kesselwärter bei Ingangsetzung und Abstellen ins Gewicht. Auch den meisten anderen Bedingungen für Wirtschaftlichkeit und Betriebssicherheit (vgl. Abschn. VIII) entspricht die Kreiselpumpe am besten.

VIII. Wirtschaftlichkeit der Speisepumpen.

1. Bestimmungsstücke für die Wirtschaftlichkeit.

Der Wirkungsgrad ist allein für den Kraftverbrauch, nicht aber für das wirtschaftliche Verhalten der Speisepumpe maßgebend. Dafür sind jene Umstände bestimmend, die ein wirtschaftlich günstiges Arbeiten der gesamten Dampferzeugungsanlage in Verbindung mit der Speisevorrichtung ermöglichen. Dazu ist notwendig:

[1] Dieses Schema ist hier erstmalig veröffentlicht. Bezüglich der Einrichtungen der Maschinenanlage und des Kesselhauses ist zu vergleichen: Die Technische Hochschule Wien, herausgeg. durch den Akadem. Senat, bei Lindner-Verlag, Küßnacht und Düsseldorf 1931, S. 13: Seidler, Die mechanischen Einrichtungen des Laboratoriums für Wärmekraftmaschinen.

[2] Vgl. Marguerre, Z. VDI, Bd. 73, 1929, S. 913. — Kissinger, Die Wärme, Bd. 54, 1931, S. 180.

a) Betriebssicherheit, um jede Unterbrechung der Dampferzeugung zu vermeiden. Eine auch nur kurzzeitige Störung kann am Kessel oder im Fabrikationsvorgang größeren Schaden verursachen, als durch besseren Wirkungsgrad in langer Betriebsperiode aufzuholen ist.

b) Wirtschaftliche Ausnützung der in Verbindung mit der Speisung vorhandenen Einrichtungen wie Abdampfvorwärmer, Rauchgasvorwärmer; Schonung der Kessel durch stetige, dem jeweiligen Bedarf entsprechende Speisung, Verhütung von Verschmutzen des Kessels durch Öl, von Korrosionen durch Luftaufnahme.

c) Geringe Inanspruchnahme der Kesselwärter durch Bedienung und Aufsicht; einfache Regelbarkeit und Anbringung selbsttätiger Regler.

d) Unverändert hoher Wirkungsgrad auch nach langer Gebrauchszeit und für alle Teilliefermengen.

e) Niedrige Anschaffungskosten und geringer Platzbedarf der Speisevorrichtung selbst, ihres Antriebes, niedrige Kosten der Rohrleitung. Große Lebensdauer, Vermeidung von Verschleiß und der Notwendigkeit von Reparaturen durch entsprechende Konstruktion.

2. Anwendungsbereich.

a) Anwendungsbereich der Pumpen. Allen vorgenannten Forderungen entspricht weitgehendst die Kreiselpumpe mit elektrischem oder Dampfturbinenantrieb. Soweit sie überhaupt anzuwenden ist (Abb. 26), insbesondere für Großkesselanlagen, beherrscht sie bereits unbestritten das Gebiet. Für kleine und mittlere Kessel, besonders bei hohen Drücken, kommt noch die Kolbenpumpe in Betracht, und zwar sowohl die direkt wirkende Dampfkolbenpumpe als auch die Kurbelpumpe. Wegen des höheren Wirkungsgrades, zum Teil auch wegen der niedrigeren Anschaffungskosten gegenüber jenen kleiner Turbo-Aggregate werden sie selbst dann noch verwendet, wo schon bequem Kreiselpumpen anzuwenden wären. Die Verölung des Abdampfes für die direkt wirkende Dampfkolbenpumpe, die Schwierigkeit elektrischen Antriebes und die den Betriebswirkungsgrad vermindernde schlechte Regelbarkeit der Kurbelpumpen, die Notwendigkeit größerer Rohrlichtweiten, die Möglichkeit der Luftaufnahme und Gefahr von Resonanzerscheinungen drängen die Kolbenpumpen mehr und mehr zurück.

Rückspeiser sind am Platz, wo mit einfachen und billigen Einrichtungen, ohne fremde Betriebskraft, nur mit dem eigenen Dampf Kondensate hoher Temperatur zu speisen sind. Bestehen keine besonderen Vorwärmeeinrichtungen, was bei kleinen Anlagen oft der Fall ist, so kann unter sonst ähnlichen Umständen der Injektor zu bevorzugen sein, um Einspeisen kalten Wassers zu vermeiden. Im übrigen ist deren Bedeutung in den betreffenden Abschnitten bereits gekennzeichnet.

b) Anwendungsbereich der Antriebe. Aus Gründen der Betriebssicherheit wird der Dampfantrieb bevorzugt. Sein Verbrauch ist groß (Dampfturbopumpen und Dampfkolbenpumpen sind diesbezüglich ziemlich gleichwertig; bei ideeller Speisepumpenarbeit etwa unter 10 PS sind die Turbopumpen etwas ungünstiger, bei großen Leistungen hingegen günstiger) und höher als der entsprechende Mehrverbrauch an Dampf in der Hauptmaschine, wenn von dieser der elektrische Strom für den Speisepumpenbetrieb entnommen wird. Deshalb wird bei Eigenstromerzeugung der normale Betrieb meist durch elektrisch angetriebene Pumpen aufrechterhalten und die Pumpen mit Dampfantrieb dienen als Reserve. Doch können noch andere Gründe entscheidend sein, z. B. die Regelbarkeit (Drehzahlregelung zwecks Verringerung der Drosselhöhen selbsttätiger Regelventile), Größe der verfügbaren elektrischen Leistung, Möglichkeit der Fernbetätigung u. ä. m. Eine allgemeingültige Zusammenfassung aller für die Entscheidung dieser Frage maßgebenden Umstände ist kaum zu geben.

3. Gewährleistung.

Wie für jede andere Pumpe ist auch für die Kesselspeisepumpe die überwindbare Förderhöhe, die Liefermenge und der dazu notwendige Kraftbedarf (der Wirkungsgrad) zu gewährleisten. Gl. (2) und (9) zeigen, daß die Angabe des zu überwindenden Kesseldruckes allein für die Möglichkeit einer Gewährleistung nicht genügt. Mit Vorschreibung einer Förderhöhe im m WS. ist zwar die Speisewassertemperatur für die Konstruktionsgrößen der Pumpe nicht mehr von Bedeutung, sie ist aber immer noch für die konstruktive Durchbildung, die Wahl der Baustoffe, die zulässige Saughöhe, die Bestimmung der Motorleistung (größerer Kraftbedarf bei kaltem Wasser) und bei Kolbenpumpen für die Drehzahl maßgebend; für Kreiselpumpen kann sie für die Verbesserung des Wirkungsgrades Bedeutung haben. Deshalb ist ebenso wie der Probebetrieb nach Möglichkeit auch der Abnahmeversuch mit Wasser von der Temperatur des normalen Betriebes durchzuführen.

Für Kreiselpumpen sind bei Durchführung der Versuche die bestehenden Regeln zu berücksichtigen,[1] insbesondere bezüglich der Messung von Wassermengen und Höhen (Drücken). Kann die Pumpe nicht unter dem Kesseldruck auf volle Förderhöhe untersucht werden, so ist diese durch Drosseln in der Druckleitung herzustellen; das macht bei Kreiselpumpen keine Schwierigkeit, wird bei Kolbenpumpen, besonders wenn sie mit geringer Hubzahl arbeiten, nur nach Zwischenschaltung eines möglichst großen Windkessels durchführbar.

Die angeführten Regeln bestimmen die zulässigen Toleranzen für die gegebenen Gewährleistungen, und zwar auf Grund der möglichen Genauigkeit bei Ausführung der Pumpe, nicht mit Rücksicht auf erforderliche Meßtoleranzen. Der Wirkungsgrad ist mit 7,5% der Verluste einzuhalten, d. h. die zulässige Abweichung ist um so kleiner, je höher der gewährleistete Wirkungsgrad ist. Für die Liefermenge sind Abweichungen von $\pm$ 5% erlaubt; entsprechend der Plus-Toleranz darf eine größere Motorleistung angefordert werden. Der Kraftbedarf der Pumpe als solcher

[1] Regeln für Abnahmeversuche an Kreiselpumpen. VDI-Verlag, Berlin 1928.

wäre mit Einschaltdynamometer[1] oder nach dem Rückdruckverfahren[1] zu ermitteln; doch genügt bei elektrischem Antrieb die Bestimmung der Stromaufnahme des Pumpenmotors, wenn seine Wirkungsgradkurve bekannt ist. Bei Dampfkolben- und Dampfturbopumpen ist meist nur der Dampfverbrauch bezogen auf nutzbar ans Speisewasser übertragene Arbeit von Interesse, der durch unmittelbares Niederschlagen des Abdampfes, und zwar bei demselben Gegendruck wie im normalen Betrieb zu bestimmen ist.

An Kreiselpumpen ist außer den Leistungsgrößen Q, H und N noch der Verlauf der Kennlinie (größte Steigung, stabiler Verlauf, Druck bei geschlossenem Schieber) in der Gewährleistung anzugeben und zum Gegenstand der Überprüfung zu machen. In Verbindung mit der Kennlinie folgt aus der für die Liefermenge zugelassenen Toleranz umgekehrt für unveränderte Liefermenge eine Toleranz der Förderhöhe, deren Betrag von der Steigung der Kennlinie abhängt.

---

[1] Vgl. z. B. Hütte I., S. 1001 der 26. Aufl.

Namen- und Sachverzeichnis.

Abdampfvorwärmer 124
Ablagerungen (im Rohrinnern) 11, 118
Abnahmeversuche 131
Adiabatische Zustandsänderung 16, 17
AEG, Berlin 4, 86, 87, 89, 90, 93
Allgemeine polizeiliche Bestimmungen über die Anlegung von Landdampfkesseln (A. P. B.) 1
Amag-Hilpert-Pegnitz-Hütte, Nürnberg 82
Anfahrregler 116
Anlaufmoment einer Kreiselpumpe 84
Antriebsleistung 20
Anzugmoment von Kurzschlußmotoren 86
Arca-Regler-A.-G., Berlin-Schöneberg 100, 107
Askania-Werke, Berlin-Friedenau, 99, 105, 107, 108
Asynchron-Motor 85
Ausgleichslöcher 65
Axialschub 65

Bach 33
Balcke 105
— Maschinenbau-A.-G., Frankenthal 35
Bensonkessel 90
Berg 34, 42
Brunnbauer, Maschinenfabrik Wien 54
Bühring, Berlin-Charlottenburg 47, 48
Bühring & Bruckner, Wien 47, 48

Charakteristik 77
Copes 104, 108, 109, 112
Curtis 91

Dabeg-Regler 108
Dampfantrieb, Anwendung 130
Dampfpumpen 36
Dampfverbrauch des Injektors 57
— von Dampfturbinen 90, 91, 101
— von Kolbenpumpen 43
— von Rückspeisern 49
Differentialpumpe 24
Diffusorwirkungsgrad 52
Direkter Regler 102
Doppelkäfigmotor 86
Doppelnutmotor 86
Doppelstrompumpe 63
Drehkolbenpumpe 22
Drehzahl von Dampfturbinen 101
— von Drehstrommotoren 85
— von Kurbelpumpen 34, 83
— von Kreiselpumpen 62, 83, 85
Drehzahlregelung von Drehstrommotoren 87—89
— von Gleichstrommotoren 85
— von Kreiselpumpen 80, 88
Drillingspumpe 24, 26, 29, 34
Drosselkurve 77
Drosselregelung für Dampfturbinen 97
— für Kreiselpumpen 79
Druckdifferenzregler 96, 98, 111 bis 116
Druckölschmierung 68, 69, 94
Druckstopfbüchse, Entfall der — 66, 70
Duplexpumpen 40
Düsenregelung 97

Economiser 6, 15, 19, 123
Eigenschwingungszahl einer Rohrleitung 28
— einer Rohrleitung mit Windkessel 25
Einschaltstrom 86
Entlastungsscheibe 65, 67, 68, 69, 70, 71, 72, 75
Escher-Wyss, Zürich und Ravensburg 62, 65, 66, 69

Fangdüse 51
Feuerungsanlagen-A.-G., Heidelberg 108, 109, 112
Flache Kennlinie 16, 80, 89
Flächensatz 58
Fluktuierende Wassermenge 23
Förderhöhe 7
— der Kreiselpumpe 60
— der Vorwärmepumpe 123, 126
Friedmann, Alex., Wien 51
Fußventil 14, 56, 83, 118

Geodätische Förderhöhe 8
Gesamtförderhöhe 16
Getriebe 89, 90, 101
Getriebemotor 89, 90
Gewährleistung für Kreiselpumpen 132
Giffard 51
Gleitlager 67—69, 94
Gramberg 25
Grashof 51
Gresham & Craven, Manchester 55
Grün 1, 2, 43, 47, 59, 69, 75, 114, 128

Hannemann G. m. b. H., Berlin-Frohnau 98, 99, 105—106
Hauptgleichung 57
Heißwasser-Stopfbüchsen 35, 69
Heuer, Paul, Dresden 89
Hilfskraft 102
Hintermotor 88
Hochschulterlager 68
Höchstverdampfung 2
Hubzahlen schwungradloser Dampfpumpen 45
Hübner & Mayer, Wien 108, 109, 112
Hydraulischer Wirkungsgrad 21, 59, 82

Induktionsmotor 85
Injektor 50, 116, 118, 119, 130
Inkrustationen 11, 118
Innenlager 62, 73
is-Diagramm für Wasser 17

Jaeger, C. H., & Co., Leipzig 67

Kavitation 74
Kennlinie für Dampfpumpen 45
— für Kreiselpumpen 59, 77, 81
— Steigung der — 80, 81, 89
Kesselbetrieb, Sammlung von Betriebserfahrungen 27, 115
Kinast 91
Kingsbury-Lager 69
Kippmoment 86
Kissinger 61
Klappdüse 53
Klein 33
Klein, Schanzlin & Becker, Frankenthal 26, 39, 70, 71, 72, 75
Kleinturbine 90—91
Knörlein 60, 71
Knorr-Bremse-A.-G., Berlin 27, 38
Kohlestopfbüchse 94
Kolbenweg-Zeit-Diagramm 37
Krauß 32, 33
Kritische Drehzahl 61, 67, 82
Kuhnert-Turbowerke A.-G., Meissen 92, 94
Kurzschlußmotor 86

Labyrinth-Stopfbüchse 94
Lamellenpumpe 22
Leistungs-Speiseregler 109
Liefermenge 1, 6
— von Dampfpumpen 42, 45
— von Kolbenpumpen 22, 34
— von Kreiselpumpen 61, 62, 82
— bei Parallelschaltung 121
— von Rückspeisern 50
— Toleranz der — 131
Löffler 36
Löffler-Kessel 3

Magyar 25, 28
Mannheim, Kraftwerk 71, 88, 107, 128
Marguerre 64, 71, 128
Mehrdruckpumpe 72, 129
Michell 69
v. Mises 9, 12
Mischdüse 51
Mischvorwärmer 125—127
— Zulaufhöhe bei —n 126
Monelmetall 64, 94
Motorleistung 84, 131
Münzinger 124, 125, 128

Nachgiebige Rückführung 100, 107
Nachsaugeventil 51, 54
Natronzahl 64
Nebenschlußmotor 85
Normalverdampfung 1

Oberflächenvorwärmer 123
Offener Injektor 53

Periodisches Speisen 6
Pfleiderer 6, 74
Plunger 35
Polumschaltmotor 87
Praetorius 1, 128

Quecksilberwaage 105

Radiaxlager 64, 68, 73
Radseitenreibung 60, 63
Rauchgasvorwärmer 14, 19, 123
Rauhigkeit 9, 11
Raumgewicht des Wassers 4, 6, 7
Regelkaskaden 88
Regeln für Abnahmeversuche 131
Regelung von Dampfpumpen 44
— von Dampfturbinen 95—100
— von Drehstrommotoren 87
— von Gleichstrommotoren 85
— des Injektors 56
— von Kolbenpumpen 36
— von Kreiselpumpen 77
Regelversuche 76, 107
Regelwiderstände 87
Regenerativ-Verfahren 91, 125
Reihenschlußmotor 85
Reserve Motorleistung 84
Resonanz zwischen Pumpe und Rohrleitung 28
— zwischen Pumpe und Windkessel 26
Restarting-Injektor 53
Reynolds 9
Riemenantrieb 84
Ringschmierung 69, 94
Röhrenvorwärmer 19, 124
Rückführung 103
— nachgiebige 100, 103, 107
Rückspeiser 46, 130
Rückschlagklappe 14, 119

Saxoniawerk Paul Heuer, Dresden 89
Saughöhe, Dampfpumpen 42
— Kolbenpumpen 30
— Kreiselpumpen 73—76
— statische 8
— vakuumetrische 16, 21, 73, 76
Saugleitung 117
Saugwindkessel 27
Schäffer & Budenberg, Magdeburg-Buckau und Wien 39, 54
Schallgeschwindigkeit im Wasser 28
Scheer, C. F., & Cie., Feuerbach-Stuttgart 46, 47, 48, 105
Scheibenkolben 35
Schieberpumpen 22
Schiff & Stern, Leipzig und Wien 48, 50, 104
Schlabberventil 51
Schlegel 6
Schleifringmotor 86
Schlüpfung 85, 86
Schneider & Helmecke, Offenbach a. M. 47
Schnellschlußregler 96
Schnüffelventil 27
Schrauff 53, 56
Schumann & Co., Leipzig 47
Schwedler 119, 121, 123
Segmentlager 69
Sicherheitsventil 119
Sihi-Pumpe 83
Simplexpumpen 39
Spannrollentrieb 85, 90
Speisearbeit ideell 16
Speiseleitung 16, 50, 111, 113, 119, 122
Speisewasser, Beschaffenheit des —s 11, 35, 64, 117
— Temperatur des —s 6, 74, 124, 128, 131
Speisewasserbehälter 8, 116, 123
Spezifisches Gewicht 4, 6, 7
SSW (Siemens-Schuckert-Werke) 82, 86, 88
Stabile Kennlinie 77
Stabilität der Regler 102, 110
Statische Förderhöhe 9
Steigung der Kennlinie 80, 81, 89
Stellzeug 101
Stellzylinder 102
Steuerwerk 102
Stopfbüchsenpackung 35, 72
Strahlpumpen 50
Strahlrohr 99, 106
Stromstoß 87
Stromverdrängungsmotor 86
Stückle 32
Stufenspeisung 123
Stufenbüchse 64
Stufenmantel 63

Sulzer, Gebr., A.-G., Winterthur und Ludwigshafen 65, 70, 96

Tauchkolben 35
Thermostat-Regler 108
Toleranzen 131
Tolle 78, 102
Trautz und Steyer 20, 28
Turbopumpe 57, 93, 131

Unempfindlichkeitsgrad 102
Ungleichförmigkeitsgrad 102
Universalregler Hannemann 99

Ventile von Kolbenpumpen 31
Verdrängerpumpen 20
Virtuelle Rohrlängen 11, 14
Vogel, Spezialfabrik moderner Pumpen, Ernst, Stockerau bei Wien 24, 36, 62, 64, 73
Voit-Dampfpumpe 39, 44
Volumetrischer Wirkungsgrad 21, 46, 84, 117
Vorteile der Kreiselpumpe 129, 130
Vorwärmepumpe 18, 68, 72, 123
— Förderhöhe der — 123, 126

Wälzlager 67—69, 94
Wärmespeicher 127
Wassergeschwindigkeit in der Druckleitung 120
— in der Saugleitung 117
Wassermesser, Widerstand von —n 14
Wasserringpumpe 82, 118
Weise & Monski, Halle a. d. S. 25, 41
Weise Söhne, Halle a. d. S. 66, 68, 69, 70, 94, 95
Westphal 32
Weyland 20, 70, 80, 119
Widerstandshöhe 9
— Zahlenwerte 12, 14
Wien, Technische Hochschule — 45, 129
Windkessel 24
Wirkungsgrade 21
— von Kolbenpumpen 21, 36
— von Kreiselpumpen 59, 82
— Toleranz der — 131
Worthington, Henry R. — 40
— -Pumpen- und Maschinenbau-Ges. 41
Wünsch 102, 105

Zähigkeit 9
Zahnradpumpen 22
Zulaufhöhe 8, 74
— bei Mischvorwärmern 126
Zusatzwasser 50, 116
Zustandsgrößen, Regelung von — 101
— des Wassers 4
Zweidruckwerke 129
Zwillingspumpe 23, 31
Zwischenerwärmung 123—124

Manzsche Buchdruckerei, Wien IX.

Speisewasser und Speisewasserpflege im neuzeitlichen Dampfkraftbetrieb. Von **R. Stumper,** Vorsteher der chemisch-metallographischen Versuchsanstalt der Vereinigten Hüttenwerke Burbach-Eich-Düdelingen. Mit 84 Textabbildungen. VII, 171 Seiten. 1931. RM 9.60*

Die Kreiselpumpen. Von Professor Dr.-Ing. **C. Pfleiderer,** Braunschweig. Zweite, verbesserte Auflage. Mit 338 Textabbildungen. X, 454 Seiten. 1932. Gebunden RM 29.50

Kreiselmaschinen. Einführung in Eigenart und Berechnung der rotierenden Kraft- und Arbeitsmaschinen. Von Dipl.-Ing. **Hermann Schaefer.** Mit 150 Textabbildungen und vielen Beispielen. V, 132 Seiten. 1930. RM 7.50*

Kreiselräder als Pumpen und Turbinen. Von Professor **Wilhelm Spannhake,** Karlsruhe. Erster Band: Grundlagen und Grundzüge. Mit 182 Textabbildungen. VIII, 320 Seiten. 1931. Gebunden RM 29.—

Turbinen und Pumpen. Theorie und Praxis. Von Dr.-Ing. **F. Lawaczeck.** Mit 208 Abbildungen im Text. VI, 208 Seiten. 1932. Gebunden RM 22.50

Berechnung und Konstruktion der Dampfturbinen. Für das Studium und die Praxis. Von Professor Dipl.-Ing. **C. Zietemann,** Chemnitz. Mit 468 Textabbildungen. XI, 452 Seiten. 1930. Gebunden RM 33.—*

Die thermodynamische Berechnung der Dampfturbinen. Von Professor Dr.-Ing. **G. Forner,** Berlin. Mit 57 Abbildungen im Text und 25 Zahlentafeln. V, 127 Seiten. 1931. RM 7.50; gebunden RM 8.50

Handbuch der Rohrleitungen. Allgemeine Beschreibung, Berechnung, Herstellung, Normung, Tabellen und Bildtafeln. Von Oberingenieur **Franz Schwedler,** Düsseldorf. Mit 27 Abbildungen im Text, 273 Abbildungen auf 46 Tafeln und 10 Tafeln in einer Tasche. VIII, 225 Seiten. 1932. Gebunden RM 32.—

Die Gestaltung und Berechnung von Rauchgasvorwärmern (Economisern). Von Dr.-Ing. **Lothar Possner.** Mit 117 Textabbildungen, 20 Zahlentafeln und zahlreichen Rechnungsbeispielen aus der Praxis. V, 152 Seiten. 1929. RM 14.50; gebunden RM 16.—*

Dampfspeicheranlagen. Elemente, Prinzip, Aufbau und Berechnung der Gefälle- und Gleichdruckspeicher sowie Anwendung und Wirtschaftlichkeit. Von Dipl.-Ing. **Walter Goldstern.** Mit 115 Textabbildungen. IV, 150 Seiten. 1933. Gebunden RM 18.—

Der elektrische Heißwasserspeicher, sein Aufbau sowie Richtlinien für die Auswahl, den Anschluß und den Betrieb. Von Dr.-Ing. **F. Kotschi** und Dipl.-Ing. **P. v. Entremont** †. Mit 97 Abbildungen im Text. VI, 94 Seiten. 1931. RM 5.50*

* *Abzüglich 10 % Notnachlaß*

GPSR Compliance

The European Union's (EU) General Product Safety Regulation (GPSR) is a set of rules that requires consumer products to be safe and our obligations to ensure this.

If you have any concerns about our products, you can contact us on ProductSafety@springernature.com

In case Publisher is established outside the EU, the EU authorized representative is:

Springer Nature Customer Service Center GmbH
Europaplatz 3
69115 Heidelberg, Germany

Batch number: 10577876

Printed by Printforce, the Netherlands